电网企业员工安全等级培训系列教材

变电二次安装

国网浙江省电力有限公司 ◎ 编著

企业管理出版社
ENTERPRISE MANAGEMENT PUBLISHING HOUSE

图书在版编目（CIP）数据

变电二次安装 / 国网浙江省电力有限公司编著 . —北京：企业管理出版社，2024.5

电网企业员工安全等级培训系列教材

ISBN 978-7-5164-2950-1

Ⅰ.①变… Ⅱ.①国… Ⅲ.①变电所 – 二次系统 – 安装 – 技术培训 – 教材 Ⅳ.① TM645.2

中国国家版本馆 CIP 数据核字（2023）第 184501 号

书　　　名：	变电二次安装
书　　　号：	ISBN 978-7-5164-2950-1
作　　　者：	国网浙江省电力有限公司
责任编辑：	蒋舒娟
出版发行：	企业管理出版社
经　　　销：	新华书店
地　　　址：	北京市海淀区紫竹院南路 17 号　　邮编：100048
网　　　址：	http://www.emph.cn　　电子信箱：26814134@qq.com
电　　　话：	编辑部（010）68701661　　发行部（010）68701816
印　　　刷：	北京亿友创新科技发展有限公司
版　　　次：	2024 年 5 月第 1 版
印　　　次：	2024 年 5 月第 1 次印刷
开　　　本：	710mm×1092mm　　1/16
印　　　张：	11 印张
字　　　数：	178 千字
定　　　价：	68.00 元

版权所有　翻印必究·印装有误　负责调换

编写委员会

主　任　王凯军
副主任　宋金根　盛　晔　王　权　翁舟波　李付林　顾天雄　姚　晖
成　员　徐　冲　倪相生　黄文涛　周　辉　王建莉　高　祺　杨　扬
　　　　　黄　苏　吴志敏　叶代亮　陈　蕾　何成彬　于　军　潘王新
　　　　　邓益民　黄晓波　黄晓明　金国亮　阮剑飞　汪　滔　魏伟明
　　　　　张东波　吴宏坚　吴　忠　范晓东　贺伟军　王　艇　岑建明
　　　　　汤亿则　林立波　卢伟军　郑文悦　陆鑫刚　张国英

本册编写人员

　　　　　王　宣　吕红峰　张天龙　李伯明　叶显斌
　　　　　夏明华　倪相生　翟瑞劼　熊虎岗　汪　凝

前 言

为贯彻落实国家安全生产法律法规（特别是新《中华人民共和国安全生产法》）和国家电网有限公司关于安全生产的有关规定，适应安全教育培训工作的新形势和新要求，进一步提高电网企业生产岗位人员的安全技术水平，推进生产岗位人员安全等级培训和认证工作，国网浙江省电力有限公司在2016年出版的"电网企业员工安全技术等级培训系列教材"的基础上组织修编，形成2024年的"电网企业员工安全等级培训系列教材"。

"电网企业员工安全等级培训系列教材"包括《公共安全知识》分册和《变电检修》《电气试验》《变电运维》《输电线路》《输电线路带电作业》《继电保护》《电网调控》《自动化》《电力通信》《配电运检》《电力电缆》《配电带电作业》《电力营销》《变电一次安装》《变电二次安装》《线路架设》等专业分册。《公共安全知识》分册内容包括安全生产法律法规知识、安全生产管理知识、现场作业安全、作业工器（机）具知识、通用安全知识五个部分；各专业分册包括相应专业的基本安全要求、保证安全的组织措施和技术措施、作业安全风险辨识评估与控制、隐患排查治理、生产现场的安全设施、典型违章举例与事故案例分析、班组安全管理七个部分。

本系列教材为电网企业员工安全等级培训专用教材，也可作为生产岗位人员安全培训辅助教材，宜采用《公共安全知识》分册加专业分册配套使用的形式开展学习培训。

鉴于编者水平所限，本书不足之处在所难免，敬请读者批评指正。

编　者

2024 年 2 月

目 录

第一章 基本安全要求 …………………………………………… 1
  第一节 一般安全要求 ………………………………………… 1
  第二节 常用安全工器具使用要求 …………………………… 12
  第三节 常用施工机具安全使用要求 ………………………… 27
  第四节 现场标准化作业指导书（现场执行卡）的编制与应用 …… 31
  第五节 施工作业的基本安全要求 …………………………… 36

第二章 保证安全的组织措施和技术措施 ………………………… 44
  第一节 保证作业现场安全的组织措施 ……………………… 44
  第二节 改、扩建工程中的组织措施和技术措施 …………… 50

第三章 作业安全风险辨识评估与控制 …………………………… 55
  第一节 概述 …………………………………………………… 55
  第二节 作业安全风险辨识与控制 …………………………… 59

第四章 隐患排查治理 ……………………………………………… 62
  第一节 概述 …………………………………………………… 62
  第二节 隐患标准及隐患排查 ………………………………… 64
  第三节 隐患治理及重大隐患管理 …………………………… 66

第五章 生产现场的安全设施 ……………………………………… 70
  第一节 安全标志 ……………………………………………… 71
  第二节 设备标志 ……………………………………………… 80
  第三节 安全警示线和安全防护设施 ………………………… 84

第六章 典型违章举例与事故案例分析 …………………………… 91
  第一节 典型违章举例 ………………………………………… 91
  第二节 事故案例分析 ………………………………………… 100

第七章　班组安全管理 ··· 112
第一节　班组建设标准 ·· 112
第二节　班组日常安全管理 ·· 117
附录 ·· 123
附录 A　现场标准化作业指导书（现场执行卡）范例 ················· 123
附录 B　施工作业现场处置方案范例 ·· 134
附录 C　安全施工作业风险控制关键因素 ································· 139
附录 D　输变电工程风险基本等级表 ·· 140
附录 E　现场勘察记录（表式） ··· 155
附录 F　风险识别、评估清册（含危大工程一览表）（表式）······ 156
附录 G　输变电工程施工作业票（表式） ·································· 157
附录 H　安全施工作业必备条件 ··· 166

第一章 基本安全要求

第一节 一般安全要求

一、作业人员的基本条件

（1）应身体健康，无妨碍工作的病症，体格检查至少两年一次。

（2）应经相应的安全生产教育和岗位技能培训、考试合格，掌握本岗位所需的安全生产知识、安全作业技能和紧急救护法。

（3）应接受《国家电网有限公司电力建设安全工作规程 第1部分：变电》（简称"《安规》"）培训，按工作性质掌握相应内容并经考试合格，每年至少考试一次。

（4）特种作业人员、特种设备作业人员应按照国家有关规定，取得相应资格，并按期复审，定期体检。

（5）进入现场的其他人员（供应商、实习人员等）应经过安全生产知识教育后，方可进入现场参加指定的工作，并且不得单独工作。

（6）涉及新技术、新工艺、新流程、新装备、新材料的项目人员，应进行专门的安全生产教育和培训。

（7）作业人员应被告知其作业现场和工作岗位存在的危险因素、防范措施及事故应急措施。

（8）作业人员应严格遵守现场安全作业规章制度和作业规程，服从管理，正确使用安全工器具和个人安全防护用品。

（9）发现安全隐患应妥善处理或向上级报告；发现直接危及人身、电网和设备安全的紧急情况时，应立即停止作业或在采取必要的应急措施后撤离危险区域。

二、施工现场安全的基本要求

1. 一般规定

（1）施工总平面布置应符合国家消防、环境保护、职业健康等有关规定。

（2）施工现场的排水设施应全面规划（含设计、施工要求）。

（3）进入施工现场的人员应正确佩戴安全帽，根据作业工种或场所需要选配个体防护装备。施工作业人员不得穿拖鞋、凉鞋、高跟鞋，以及短袖上衣、短裤、裙子等进入施工现场。不得酒后进入施工现场。与施工无关的人员未经允许不得进入施工现场。

（4）施工现场敷设的力能管线不得随意切割或移动。如需切割或移动，应事先办理审批手续。

（5）施工现场应按规定配置和使用施工安全设施。设置的各种安全设施不得擅自拆、挪或移作他用。如确因施工需要，应征得该设施管理单位同意，并办理相关手续，采取相应的临时安全措施，事后应及时恢复。

（6）施工现场及周围的悬崖、陡坎、深坑、高压带电区等危险场所均应设可靠的防护设施及安全标志；坑、沟、孔洞等均应铺设符合安全要求的盖板或设可靠的围栏、挡板及安全标志。危险场所夜间应设警示灯。

（7）施工现场应编制应急现场处置方案，并定期组织开展应急演练；配备应急医疗用品和器材等，施工车辆宜配备医药箱，并定期检查其有效期限，及时更换补充。

2. 道路

（1）施工现场的道路应坚实、平坦，车道宽度和转弯半径应结合线路施工现场道路或变电站进站和站内道路设计，并兼顾施工和大件设备运输要求。

（2）现场道路不得任意挖掘或截断，确需开挖时，应事先征得现场负责人的同意并限期修复。开挖期间应采取铺设过道板或架设便桥等保证安全通行的措施。

（3）现场道路跨越沟槽时应搭设牢固的便桥，经验收合格后方可使用。人行便桥的宽度不得小于1m，手推车便桥的宽度不得小于1.5m，汽车便桥的宽度不得小于3.5m。便桥的两侧应设有可靠的栏杆,并设置安全警示标志。

(4)现场的机动车辆应限速行驶,行驶速度一般不得超过15km/h;机动车在特殊地点、路段或遇到特殊情况时的行驶速度不得超过5km/h;并应在显著位置设置限速标志。

(5)机动车辆行驶沿途应设交通指示标志,经过运行设备区域应有限高、限宽标志,危险区段应设"危险"或"禁止通行"等安全标志,夜间应设警示灯。场地狭小、运输繁忙的地点应设临时交通指挥。

3. 临时建筑

(1)施工现场使用的办公用房、生活用房、围挡等临时建筑物的设计、安装、验收、使用与维护、拆除与回收按JGJ/T 188《施工现场临时建筑物技术规范》的有关规定执行。

(2)临时建筑物工程竣工后应经验收合格方可使用。

(3)临时建筑物应根据当地气候条件,采取抵御风、雪、雨、雷电等自然灾害的措施,使用过程中应定期进行检查维护。

(4)施工用金属房应符合下列规定:

①金属房外壳(皮)应有可靠明接地。

②电源箱应装设在房外,箱内应装配有电源开关、剩余电流动作保护装置(漏电保护器)、熔断器,进房线孔应加防磨线措施。

③房内配线应采用橡胶线且用瓷件固定。照明用灯采用防水瓷灯具。

④房内需动力电源的,动力电与照明用电应分别装设熔断器和剩余电流动作保护装置(漏电保护器)。

⑤房内配电设备前端地面应铺设绝缘橡胶板。

⑥金属房的出入口门外应铺设绝缘橡胶板。

4. 材料、设备堆(存)放管理

(1)材料、设备应按施工总平面布置图规定的地点进行定置化管理,并符合消防及搬运的要求。堆放场地应平坦、不积水,地基应坚实。应设置支垫,并做好防潮、防火、防倾倒措施。

(2)材料、设备放置在围栏或建筑物的墙壁附近时,应留有0.5m以上的间距。

(3)各类钢丝绳、脚手杆(管)、脚手板、紧固件等受力工器具以及防护用具等均应存放在干燥、通风处,并符合防腐、防火等要求。工程开工或间歇性复工前应进行检查，合格方可使用。

（4）易燃材料、废料的堆放场所与建筑物及动火作业区的距离应符合《安规》的有关规定。

（5）易燃、易爆及有毒有害物品等应分别存放在与普通仓库隔离的危险品仓库内，危险品仓库的库门应向外开，开关、插座应安装在库房外，按有关规定严格管理。汽油、酒精、油漆及稀释剂等挥发性易燃材料应密封存放，配备消防器材，悬挂相应安全标志。

（6）器材堆放应遵守下列规定：

①器材堆放整齐稳固。长、大件器材的堆放有防倾倒的措施。

②钢管堆放的两侧应设立柱，堆放高度不宜超过1m，层间可加垫。

③袋装水泥堆放的地面应垫平，架空垫起不小于0.3m，堆放高度不宜超过12包；临时露天堆放时，应用防雨篷布遮盖，防雨篷布应进行加固。

④线盘放置的地面应平整、坚实，滚动方向前后均应掩牢。

⑤绝缘子应包装完好，堆放高度不宜超过2m。

⑥材料箱、筒横卧不超过3层、立放不超过2层，层间应加垫，两边设立柱。

⑦袋装材料堆高不超过1.5m，应堆放整齐、稳固。

⑧砖的堆限高度为2m，应堆放整齐、稳固。

（7）电气设备的保管与堆放应符合下列要求：

①瓷质材料拆箱后，应单层排列整齐，不得堆放，并采取防碰措施。

②绝缘材料应存放在有防火、防潮措施的库房内。

③电气设备应分类存放，放置应稳固、整齐，不得堆放。重心较高的电气设备在存放时应有防止倾倒的措施。有防潮标志的电气设备应做好防潮措施。

三、施工用电安全要求

1. 一般规定

（1）施工用电方案应编入项目管理实施规划或编制专项方案，其布设要求应符合国家行业有关规定。

（2）施工用电设施应按批准的方案进行施工，竣工后应经验收合格方可投入使用。

（3）施工用电设施的安装、运行、维护，应由专业电工负责，并应建立安装、运行、维护、拆除作业记录台账。

（4）施工用电工程应定期检查，对安全隐患应及时处理，并履行复查验收手续。

（5）当施工现场与外电线路共用同一供电系统时，电气设备的接地、接零保护应与原系统保持一致。不得一部分设备做保护接零，另一部分做保护接地。

（6）施工用电工程的380V/220V低压系统，应采用三级配电、二级剩余电流动作保护系统（漏电保护系统）。当施工现场设有专供施工用电的低压侧为220V/380V中性点直接接地的变压器时，其低压配电系统的接地型式宜采用TN-S系统。

2. 变压器设备

（1）10kV/400kVA及以下的变压器宜采用支柱上安装，支柱上变压器的底部距地面的高度不得小于2.5m。组立后的支柱不应有倾斜、下沉及支柱基础积水等现象。

（2）35kV及10kV/400kVA以上的变压器如采用地面平台安装，装设变压器的平台应高出地面0.5m，其四周应装设高度不低于1.8m的围栏。围栏与变压器外廓的距离：10kV及以下应不小于1m，35kV应不小于1.2m，并应在围栏各侧的明显部位悬挂"止步、高压危险！"的安全标志。

（3）变压器中性点及外壳接地应接触良好，连接牢固可靠，工作接地电阻不得大于4Ω。总容量为100kVA以下的系统，工作接地电阻不得大于10Ω。在土壤电阻率大于1000Ω·m的地区，当达到上述接地电阻值有困难时，工作接地电阻不得大于30Ω。

（4）变压器引线与电缆连接时，电缆及其终端头均不得与变压器外壳直接接触。

（5）采用箱式变电站供电时，其外壳应有可靠的保护接地，接地系统应符合产品技术要求，装有仪表和继电器的箱门应与壳体可靠连接。

（6）箱式变电站安装完毕或检修后投入运行前，应对其内部的电气设备进行检查，电气性能试验合格后方可投入运行。

3. 发电机组

（1）供电系统接地型式和接地电阻应与施工现场原有供用电系统保持

一致。

（2）发电机组不得设在基坑里。

（3）发电机组应配置可用于扑灭电气火灾的灭火器，不得存放易燃易爆物品。

（4）发电机组应采用电源中性点直接接地的三相四线制供电系统，宜采用 TN-S 系统。

（5）发电机供电系统应设置可视断路器或电源隔离开关及短路、过载保护。电源隔离开关分断时应有明显可见分断点。

4. 配电及照明

（1）配电箱应根据用电负荷状态装设短路、过载保护电器和剩余电流动作保护装置（漏电保护器），并定期检查和试验。高压配电设备、线路和低压配电线路停电检修时，应装设临时接地线，并应悬挂"禁止合闸、有人工作！"或"禁止合闸、线路有人工作！"的安全标志牌。

（2）高压配电装置应装设隔离开关，隔离开关分断时应有明显断开点。

（3）低压配电箱的电器安装板上应分设 N 线端子板和 PE 线端子板。N 线端子板应与金属电器安装板绝缘；PE 线端子板应与金属电器安装板做电气连接。进出线中的 N 线应通过 N 线端子板连接；PE 线应通过 PE 线端子板连接。

（4）配电箱设置地点应平整，不得被水淹或土埋，并应防止碰撞和被物体打击。配电箱内及附近不得堆放杂物。

（5）配电箱应坚固，金属外壳接地或接零良好，其结构应具备防火、防雨的功能，箱内的配线应采取相色配线且绝缘良好，导线进出配电柜或配电箱的线段应采取固定措施，导线端头制作规范，连接应牢固。操作部位不得有带电体裸露。

（6）支架上装设的配电箱，应安装牢固并便于操作和维修；引下线应穿管敷设并做防水弯。

（7）低压架空线路不得采用裸线，导线截面积不得小于 $16mm^2$，人员通行处架设高度不得低于 2.5m；交通要道及车辆通行处，架设高度不得低于 5m。

（8）电缆线路应采用埋地或架空敷设，不得沿地面明设，并应避免机械损伤和介质腐蚀。

（9）现场直埋电缆的走向应按施工总平面布置图的规定，沿主道路或固定建筑物等的边缘直线埋设，埋深不得小于 0.7m，并应在电缆紧邻四周均匀敷设不小于 50mm 厚的细砂，然后覆盖砖或混凝土板等硬质保护层；转弯处和大于等于 50m 直线段处，在地面上设明显的标志；通过道路时应采用保护套管。

（10）电缆接头处应有防水和防触电的措施。

（11）五芯低压电力电缆中应包含全部工作芯线和用作工作零线、保护零线的芯线。需要三相四线制配电的电缆线路应采用五芯电缆。五芯电缆应包含淡蓝、绿／黄两种颜色绝缘芯线。淡蓝色芯线用作工作零线（N 线）；绿／黄双色芯线用作保护零线（PE 线），不得混用。

（12）用电线路及电气设备的绝缘应良好，布线应整齐，设备的裸露带电部分应加防护措施。架空线路的路径应合理选择，避开易撞、易碰以及易腐蚀场所。

（13）用电设备的电源引线长度不得大于 5m，长度大于 5m 时，应设移动开关箱。移动开关箱至固定式配电箱之间的引线长度不得大于 40m，且只能用绝缘护套软电缆。

（14）电气设备不得超铭牌使用，隔离型电源总开关禁止带负荷拉闸。

（15）开关和熔断器的容量应满足被保护设备的要求。闸刀开关应有保护罩。不得用其他金属丝代替熔丝。

（16）熔丝熔断后，应查明原因，排除故障后方可更换。更换熔丝后应装好保护罩方可送电。

（17）多路电源配电箱宜采用密封式；断路器及熔断器应上口接电源，下口接负荷，不得倒接；负荷应标明名称，单相开关应标明电压。

（18）不同电压等级的插座与插销应选用相应的结构，禁止用单相三孔插座代替三相插座。单相插座应标明电压等级。

（19）不得将电源线直接钩挂在闸刀上或直接插入插座内使用。

（20）电动机械或电动工具应做到"一机一闸一保护"。移动式电动机械应使用绝缘护套软电缆。

（21）照明线路敷设应采用绝缘槽板、穿管或固定在绝缘子上，不得接近热源或直接绑挂在金属构件上；穿墙时应套绝缘套管，管、槽内的电源线不得有接头，并经常检查、维修。

（22）照明灯具的悬挂高度不应低于 2.5m，并不得任意挪动，低于 2.5m

时应设保护罩。照明灯具开关应控制相线。

（23）在光线不足的作业场所及夜间作业的场所均应有足够的照明。

（24）在有爆炸危险的场所及危险品仓库内，应采用防爆型电气设备，断路器应装在室外。在散发大量蒸汽、气体或粉尘的场所，应采用密闭型电气设备。在坑井、沟道、沉箱内及独立高层建筑物上，应备有独立的照明电源，并符合安全电压要求。

（25）照明装置采用金属支架时，支架应稳固，并采取接地或接零保护。

（26）行灯的电压不得超过36V，潮湿场所、金属容器或管道内的行灯电压不得超过12V。行灯应有保护罩，行灯电源线应使用绝缘护套软电缆。

（27）行灯照明变压器应使用双绕组型安全隔离变压器，禁止使用自耦变压器。

（28）电动机械及照明设备拆除后，不得留有可能带电的部分。

5．接零及接地保护

（1）施工用电电源采用中性点直接接地的专用变压器供电时，其低压配电系统的接地型式宜采用TN-S接零保护系统。采用TN-S系统做保护接零时，工作零线（N线）应通过剩余电流动作保护装置（漏电保护器），保护零线（PE线）应由电源进线零线重复接地处或剩余电流动作保护装置（漏电保护器）电源侧零线处引出，即不通过剩余电流动作保护装置（漏电保护器）。保护零线（PE线）上禁止装设断路器或熔断器，并且采取防止断线的措施。

（2）保护零线（PE线）应采用绝缘多股软铜绞线。当相线截面积不超过16mm^{2}时，保护零线（PE线）截面积不得小于相线截面积；当相线截面积大于16mm^{2}且不超过35mm^{2}时，保护零线（PE线）截面积不得小于16mm^2；当相线截面积大于35mm^{2}时，保护零线（PE线）截面积不得小于相线截面积的1/2。电动机械与保护零线（PE线）的连接线截面积一般不得小于相线截面积的1/3且不得小于2.5mm^2；移动式或手提式电动机具与保护零线（PE线）的连接线截面积一般不得小于相线截面积的1/3且不得小于1.5mm^2。

（3）电源线、保护接零线、保护接地线应采用焊接、压接、螺栓连接或其他可靠方法连接。

（4）保护零线（PE线）应在配电系统的始端、中间和末端处做重复接地。

（5）对地电压在127V及以上的下列电气设备及设施，均应装设接地或接零保护：

①发电机、电动机、电焊机及变压器的金属外壳。

②断路器及其传动装置的金属底座或外壳。

③电流互感器的二次绕组。

④配电盘、控制盘的外壳。

⑤配电装置的金属构架、带电设备周围的金属围栏。

⑥高压绝缘子及套管的金属底座。

⑦电缆接头盒的外壳及电缆的金属外皮。

⑧吊车的轨道及焊工等的工作平台。

⑨架空线路的杆塔（木杆除外）。

⑩室内外配线的金属管道。

⑪金属制的集装箱式办公室、休息室及工具、材料间、卫生间等。

（6）禁止利用易燃、易爆气体或液体管道作为接地装置的自然接地体。

（7）接地装置的敷设应符合 GB 50194《建设工程施工现场供用电安全规范》的规定，并应符合下列基本要求：

①人工接地体的顶面埋设深度不宜小于 0.6m。

②人工垂直接地体宜采用热浸镀锌圆钢、角钢、钢管，长度宜为 2.5m。人工水平接地体宜采用热浸镀锌的扁钢或圆钢。圆钢直径不应小于 12mm；扁钢、角钢等型钢的截面积不应小于 90mm^2，其厚度不应小于 3mm；钢管壁厚不应小于 2mm。人工接地体不得采用螺纹钢。

6. 用电及用电设备

（1）用电单位应建立施工用电安全岗位责任制，明确各级用电安全责任人。

（2）用电安全负责人及施工作业人员应严格执行施工用电安全施工技术措施，熟悉施工现场配电系统。

（3）配电室和现场的配电柜或总配电箱、分配电箱应配锁具。

（4）电气设备明显部位应设"禁止靠近 以防触电"的安全标志牌。

（5）施工用电设施应定期检查并记录。对用电设施的绝缘电阻及接地电阻应定期检测并记录。

（6）施工现场用电设备等应有专人维护和管理。

（7）每台用电设备应有各自专用的断路器，禁止用同一个断路器直接控制两台及以上用电设备（含插座）。

（8）末级配电箱中的剩余电流动作保护装置的额定动作电流不应大于30mA，额定漏电动作时间不应大于0.1s。使用于潮湿或有腐蚀介质场所的剩余电流动作保护装置应采用防溅型产品，其额定漏电动作电流不应大于15mA，额定漏电动作时间不应大于0.1s。总配电箱中的剩余电流动作保护装置的额定漏电动作电流应大于30mA，额定漏电动作时间应大于0.1s，但其额定漏电动作电流与额定漏电动作时间的乘积不应大于30mA·s。

（9）当分配电箱直接供电给末级配电箱时，可采用分配电箱设置插座方式供电，并应采用工业用插座，且每个插座应有各自独立的保护电器。

（10）动力配电箱与照明配电箱宜分别设置。当合并设置为同一配电箱时，动力和照明应分路配电；动力末级配电箱与照明末级配电箱应分设。

（11）对配电箱、末级配电箱进行维修、检查时，应将其前一级相应的电源断开并隔离，并悬挂"禁止合闸　有人工作！"安全标志牌。

（12）配电箱送电、停电应按照下列顺序进行操作：

①送电操作顺序：总配电箱→分配电箱→末级配电箱。

②停电操作顺序：末级配电箱→分配电箱→总配电箱。但在配电系统故障的紧急情况下可以除外。

（13）在对地电压250V以下的低压配电系统上不停电作业时，应遵守下列规定：

①被拆除或接入的线路，不得带任何负荷。

②相间及相对地应有足够的距离，避免施工作业人员及操作工具同时触及不同相导体。

③有可靠的绝缘措施。

④设专人监护。

⑤剩余电流动作保护装置（漏电保护器）应投入。

四、消防

1. 一般规定

（1）施工现场、仓库及重要机械设备、配电箱旁，生活和办公区等应配置相应的消防器材。需要动火的施工作业前，应增设相应类型及数量的消防器材。在林区、牧区施工，应遵守当地的防火规定。

（2）在防火重点部位或易燃、易爆区周围动用明火或进行可能产生火花的作业时，应办理动火工作票，经有关部门批准后，采取相应措施并增设相应类型及数量的消防器材后方可进行。

（3）消防设施应有防雨、防冻措施，并定期进行检查、试验，确保有效；砂桶（箱、袋）、斧、锹、钩子等消防器材应放置在明显、易取处，不得任意移动或遮盖，不得挪作他用。

（4）作业现场禁止吸烟。

（5）不得在办公室、工具房、休息室、宿舍等房屋内存放易燃、易爆物品。

（6）挥发性易燃材料不得装在敞口容器内或存放在普通仓库内。装过挥发性油剂及其他易燃物质的容器，应及时退库，并存放在距建筑物不小于 25m 的单独隔离场所；装过挥发性油剂及其他易燃物质的容器未与运行设备彻底隔离及采取清洗置换等措施，禁止用电焊或火焊进行焊接或切割。

（7）储存易燃、易爆液体或气体仓库的保管人员，应穿着棉、麻等不易产生静电的材料制成的服装入库。

（8）运输易燃、易爆等危险物品，应按当地公安部门的有关规定申请，经批准后方可进行。

（9）采用易燃材料包装或设备本身应防火的设备箱，不得用火焊切割的方法开箱。

（10）电气设备附近应配备适用于扑灭电气火灾的消防器材。发生电气火灾时应首先切断电源。

（11）烘燥间或烘箱的使用及管理应有专人负责。

（12）熬制沥青或调制冷底子油应在建筑物的下风方向进行，距易燃物不得小于 10m，不应在室内进行。

（13）进行沥青或冷底子油作业时应通风良好，作业时及施工完毕后的 24h 内，其作业区周围 30m 内禁止明火。

（14）冬季采用火炉暖棚法施工，应制订相应的防火和防止一氧化碳中毒措施，并设有不少于 2 人的值班人员。

2. 临时建筑及仓库防火

（1）临时建筑及仓库的设计，应符合 GB 50016《建筑设计防火规范》的规定。

（2）仓库应根据储存物品的性质采用相应耐火等级的材料建成。值班室与库房之间应有防火隔离措施。

（3）临时建筑物内的火炉烟囱通过墙和屋面时，其四周应用防火材料隔离。烟囱伸出屋面的高度不得小于500mm。不得使用汽油或煤油引火。

（4）氧气、乙炔、汽油等危险品仓库，应采取避雷及防静电接地设施，屋面应采用轻型结构，门、窗不得向内开启。保持通风良好。

（5）各类建筑物与易燃材料堆场的防火间距应符合《安规》有关规定。

（6）临时建筑不宜建在电力线下方。如必须在110kV及以下电力线下方建造时，应经线路运维单位同意。屋顶采用耐火材料。临时库房与电力线导线之间的垂直距离，在导线最大计算弧垂情况下符合《安规》的规定。

第二节　常用安全工器具使用要求

安全工器具分为个体防护装备、绝缘安全工器具、登高工器具、安全围栏（网）和标识牌等四大类。

一、个体防护装备

个体防护装备是指保护人体避免受到急性伤害而使用的安全用具，包括安全帽、防护眼镜、自吸过滤式防毒面具、正压式消防空气呼吸器、安全带、安全绳、连接器、速差自控器、导轨自锁器、缓冲器、安全网、静电防护服、防电弧服、耐酸服、SF_6防护服、屏蔽服装、耐酸手套、耐酸靴、导电鞋（防静电鞋）、个人保安线、SF_6气体检漏仪、含氧量测试仪及有害气体检测仪等。

（一）安全帽

1. 检查要求

（1）永久标识和产品说明等标识清晰完整，安全帽的帽壳、帽衬（帽箍、吸汗带、缓冲垫及衬带）、帽箍扣、下颌带等组件完好无缺失。

（2）帽壳内外表面应平整光滑，无划痕、裂缝和孔洞，无灼伤、冲击痕迹。

（3）帽衬与帽壳连接牢固，后箍、锁紧卡等开闭调节灵活，卡位牢固。

（4）使用期从产品制造完成之日起计算，不得超过安全帽永久标识的强制报废期限。

2. 使用要求

（1）任何人员进入生产、施工现场必须正确佩戴安全帽。针对不同的生产场所，根据安全帽产品说明选择适用的安全帽。

（2）安全帽戴好后，应将帽箍扣调整到合适的位置，锁紧下颌带，防止工作中前倾后仰或其他原因造成滑落。

（3）受过一次强冲击或做过试验的安全帽不能继续使用，应予以报废。

（4）高压近电报警安全帽使用前应检查其音响部分是否良好，但不得作为无电的依据。

（二）防护眼镜

1. 检查要求

（1）防护眼镜的标识清晰完整，并位于透镜表面不影响使用功能处。

（2）防护眼镜表面光滑，无气泡、杂质，以免影响工作人员的视线。

（3）镜架平滑，不可造成擦伤或有压迫感；同时，镜片与镜架衔接要牢固。

2. 使用要求

（1）防护眼镜的选择要正确。要根据工作性质、工作场合选择相应的防护眼镜。如在装卸高压熔断器或进行气焊时，应戴防辐射防护眼镜；在室外阳光暴晒的地方工作时，应戴变色镜（防辐射防护眼镜的一种）；在进行车、铣、刨及用砂轮磨工件时，应戴防打击防护眼镜等；在向蓄电池内注入电解液时，应戴防有害液体防护眼镜或戴防毒气封闭式无色防护眼镜。

（2）防护眼镜的宽窄和大小要恰好适合使用者。如果大小不合适，防护眼镜滑落到鼻尖上，就起不到防护作用。

（3）防护眼镜应按出厂时标明的遮光编号或使用说明书使用。

（4）透明防护眼镜佩戴前应用干净的布擦拭镜片，以保证足够的透光度。

（5）戴好防护眼镜后应收紧防护眼镜镜腿（带），避免防护眼镜滑落。

（三）自吸过滤式防毒面具

1. 检查要求

（1）面罩及过滤件上的标识应清晰完整，无破损。

（2）使用前应检查面具的完整性和气密性，面罩密合框应与佩戴者颜面密合，无明显压痛感。

（3）面罩观察眼窗应视物真实，有防止镜片结雾的措施。

2. 使用要求

（1）使用防毒面具时，空气中氧气浓度不得低于18%，温度为 –30℃ ~ +45℃，不能用于槽、罐等密闭容器环境。

（2）使用者应根据其面型尺寸选配适宜的面罩号码。

（3）使用中应注意有无泄漏和滤毒罐失效。防毒面具的过滤剂有一定的使用时间，一般为 30~100min。过滤剂失去过滤作用（面具内有特殊气味）时，应及时更换。

（四）正压式消防空气呼吸器

1. 检查要求

（1）表面无锐利的棱角，标识清晰完整，无破损。

（2）使用前应检查正压式呼吸器气罐表计压力在合格范围内。检查面具的完整性和气密性，面罩密合框应与佩戴者颜面密合，无明显压痛感。带有眼镜支架时，连接应可靠，无明显晃动感。视窗不应产生视觉变形现象。

（3）气瓶外部应有防护套，气瓶瓶阀与减压器连接、全面罩与供气阀连接应可靠，连接处若使用密封件，不应脱落或移位。

2. 使用要求

（1）使用者应根据其面型尺寸选配适宜的面罩号码。

（2）使用中应注意有无泄漏。

（五）安全带

1. 检查要求

（1）商标、合格证和检验证等标识清晰完整，各部件完整无缺失、无伤残破损。

（2）腰带、围杆带、肩带、腿带等带体无灼伤、脆裂及霉变，表面不应有明显磨损及切口；围杆绳、安全绳无灼伤、脆裂、断股及霉变，各股松紧一致，绳子应无扭结；护腰带接触腰的部分应垫有柔软材料，边缘圆滑无角。

（3）织带折头连接应使用缝线，不应使用铆钉、胶粘、热合等工艺，缝线颜色与织带应有区分。

（4）金属配件表面光洁，无裂纹、无严重锈蚀和目测可见的变形，配件边缘应呈圆弧形；金属环类零件不允许使用焊接，不应留有开口。

（5）金属挂钩等连接器应有保险装置，应在两个及以上明确的动作下才能打开，且操作灵活。钩体和钩舌的咬口必须完整，两者不得偏斜。各调节装置应灵活可靠。

2. 使用要求

（1）围杆作业安全带一般使用期限为 3 年，区域限制安全带和坠落悬挂安全带使用期限为 5 年，如发生坠落事故，则应由专人进行检查，如有影响性能的损伤，则应立即更换。

（2）应正确选用安全带，其功能应符合现场作业要求，如需多种条件下使用，在保证安全的前提下，可选用组合式安全带（区域限制安全带、围杆作业安全带、坠落悬挂安全带等的组合）。

（3）安全带穿戴好后应仔细检查连接扣或调节扣，确保各处绳扣连接牢固。

（4）2m 及以上的高处作业应使用安全带。

（5）在坝顶、陡坡、屋顶、悬崖、杆塔、吊桥以及其他危险的边沿进行工作，临空一面应装设安全网或防护栏杆，否则，作业人员应使用安全带。

（6）在没有脚手架或者在没有栏杆的脚手架上工作，高度超过 1.5m 时，应使用安全带。

（7）在电焊作业或其他有火花、熔融源等场所使用的安全带或安全绳应有隔热防磨套。

（8）安全带的挂钩或绳子应挂在结实牢固的构件或挂安全带专用的钢丝绳上，并应采用高挂低用的方式。

（9）高处作业人员在转移作业位置时不准失去安全保护。

（10）禁止将安全带系在移动或不牢固的物件上［如隔离开关（刀闸）支持绝缘子、瓷横担、未经固定的转动横担、线路支柱绝缘子、避雷器支柱绝缘子等］。

（11）登杆前，应进行围杆带和后备绳的试拉，无异常方可继续使用。

（六）安全绳

1. 检查要求

（1）安全绳的产品名称、标准号、制造厂名及厂址、生产日期（年、月）及有效期、总长度、产品作业类别（围杆作业、区域限制或坠落悬挂）、产品合格标志、法律法规要求标注的其他内容等永久标识清晰完整。

（2）安全绳应光滑、干燥、无霉变、断股、磨损、灼伤、缺口等缺陷。所有部件应顺滑，无材料或制造缺陷，无尖角或锋利边缘。护套（如有）应完整不破损。

（3）织带式安全绳的织带应加锁边线，末端无散丝；纤维绳式安全绳绳头无散丝；钢丝绳式安全绳的钢丝应捻制均匀、紧密、不松散，中间无接头；链式安全绳下端环、连接环和中间环的各环间转动灵活，链条形状一致。

2．使用要求

（1）安全绳应是整根，不应私自接长使用。

（2）在具有高温、腐蚀等场合使用的安全绳，应穿入整根具有耐高温、抗腐蚀的保护套，或采用钢丝绳式安全绳。

（3）安全绳的连接应通过连接扣连接，在使用过程中不应打结。

（4）安全绳（包括未展开的缓冲器）不应超过 2m，有 2 根安全绳（包括未展开的缓冲器）的安全带，其单根有效长度不应大于 1.2m。

（七）速差自控器

1．检查要求

（1）产品名称及标记、标准号、制造厂名、生产日期（年、月）及有效期、法律法规要求标注的其他内容等永久标识清晰完整。

（2）速差自控器的各部件完整无缺失、无伤残破损，外观应平滑，无材料和制造缺陷，无毛刺和锋利边缘。

（3）钢丝绳速差器的钢丝应均匀绞合紧密，不得有叠痕、突起、折断、压伤、锈蚀及错乱交叉的钢丝；织带速差器的织带表面、边缘、软环处应无擦破、切口或灼烧等损伤，缝合部位无崩裂现象。

（4）速差自控器的安全识别保险装置——坠落指示器（如有）应未动作。

（5）用手将速差自控器的安全绳（带）快速拉出，速差自控器应能有效制动并完全回收。

2．使用要求

（1）使用时应认真查看速差自控器防护范围及悬挂要求。

（2）速差自控器应系在牢固的物体上，禁止系挂在移动或不牢固的物件上。不得系在棱角锋利处。速差自控器拴挂时严禁低挂高用。

（3）速差自控器应连接在人体前胸或后背的安全带挂点上，移动时应缓慢，禁止跳跃。

（4）禁止将速差自控器锁止后悬挂在安全绳（带）上作业。

（5）使用时无须添加任何润滑剂。

（6）使用速差自控器时，钢丝绳拉出后工作完毕，收回器内过程中严禁松手。

（八）SF_6 气体检漏仪

1. 检查要求

（1）外观良好，仪器完整，仪器名称、型号、制造厂名称、出厂时间、编号等应齐全、清晰；附件齐全。

（2）仪器连接可靠，各旋钮应能正常调节。

（3）通电检查时，外露的可动部件应能正常动作；显示部分应有相应指示；对有真空要求的仪器，真空系统应能正常工作。

2. 使用要求

（1）开机前，操作者要首先熟悉操作说明，严格按照仪器的开机和关机步骤进行操作。

（2）严禁将探枪放在地上，探枪孔不得被灰尘污染，以免影响仪器的性能。

（3）探枪和主机不得拆卸，以免影响仪器正常工作。

（4）仪器是否正常以自校格数为准。仪器探头已调好，勿自行调节。

（5）注意真空泵的维护保养，注意电磁阀是否正常动作，并检查电磁阀的密封性。

（6）给真空泵换油时，仪器不得带电（要拔掉电源线），以免发生触电事故。

（7）仪器在运输过程中严禁倒置，不可剧烈振动。

（九）含氧量测试仪及有害气体检测仪

1. 检查要求

（1）标识清晰完整，外观完好无破损。

（2）开机后自检功能正常。

2. 使用要求

含氧量测试仪及有害气体检测仪专门用于危险环境和有限、密闭空间的含氧量、有害气体检测，应依据测试仪使用说明书进行操作。

二、绝缘安全工器具

（一）电容型验电器

1. 检查要求

（1）电容型验电器的额定电压或额定电压范围、额定频率（或频率范围）、生产厂名和商标、出厂编号、生产年份、适用气候类型（D、C或G）、检验日期及带电作业用（双三角）符号等标识清晰完整。

（2）验电器的各部件，包括手柄、护手环、绝缘元件、限度标记（在绝缘杆上标注的一种醒目标志，向使用者指明应防止标志以下部分插入带电设备中或接触带电体）和接触电极、指示器和绝缘杆等均应无明显损伤。

（3）绝缘杆应清洁、光滑，绝缘部分应无气泡、皱纹、裂纹、划痕、硬伤、绝缘层脱落、严重的机械或电灼伤痕。伸缩型绝缘杆各节配合合理，拉伸后不应自动回缩。

（4）指示器应密封完好，表面应光滑、平整。

（5）手柄与绝缘杆、绝缘杆与指示器的连接应紧密牢固。

（6）自检三次，指示器均应有视觉和听觉信号出现。

2. 使用要求

（1）验电器的规格必须符合被操作设备的电压等级，使用验电器时，应轻拿轻放。

（2）操作前，验电器杆表面应用清洁的干布擦拭干净，使表面干燥、清洁。并在有电设备上进行试验，确认验电器良好；无法在有电设备上进行试验时可用高压发生器等确证验电器良好。如在木杆、木梯或木架上验电，不接地不能指示者，经运行值班负责人或工作负责人同意后，可在验电器绝缘杆尾部接上接地线。

（3）操作时，应戴绝缘手套，穿绝缘靴。使用抽拉式电容型验电器时，绝缘杆应完全拉开。人体应与带电设备保持足够的安全距离，操作者的手握部位不得越过护环，以保持有效的绝缘长度。

（4）非雨雪型电容型验电器不得在雷、雨、雪等恶劣天气时使用。

（5）使用操作前，应自检一次，声光报警信号应无异常。

（二）携带型短路接地线

1. 检查要求

（1）接地线的厂家名称或商标、产品的型号或类别、接地线横截面积（mm^2）、生产年份及带电作业用（双三角）符号等标识清晰完整。

（2）接地线的多股软铜线截面不得小于 $25mm^2$，其他要求同个人保安接地线。

（3）接地操作杆同绝缘杆的要求。

（4）线夹完整、无损坏，与操作杆连接牢固，有防止松动、滑动和转动的措施。应操作方便，安装后应有自锁功能。线夹与电力设备及接地体的接触面无毛刺，紧固力应不致损坏设备导线或固定接地点。

2. 使用要求

（1）接地线的截面应满足装设地点短路电流的要求，长度应满足工作现场需要。

（2）经验明确无电压后，应立即装设接地线并三相短路（直流线路两极接地线分别直接接地），利用铁塔接地或与杆塔接地装置电气上直接相连的横担接地时，允许每相分别接地，对于无接地引下线的杆塔，可采用临时接地体。

（3）装设接地线时，应先接接地端，后接导线端，接地线应接触良好、连接应可靠，拆除接地线的顺序与此相反，人体不准碰触未接地的导线。

（4）装、拆接地线均应使用满足安全长度要求的绝缘棒或专用的绝缘绳。

（5）禁止使用其他导线作接地线或短路线，禁止用缠绕的方法进行接地或短路。

（6）设备检修时模拟盘上所挂接地线的数量、位置和接地线编号，应与工作票和操作票所列内容一致，与现场所装设的接地线一致。

（三）绝缘杆

1. 检查要求

（1）绝缘杆的型号规格、制造厂名、制造日期、电压等级及带电作业用（双三角）符号等标识清晰完整。

（2）绝缘杆的接头不管是固定式的还是拆卸式的，连接都应紧密牢固，无松动、锈蚀和断裂等现象。

（3）绝缘杆应光滑，绝缘部分应无气泡、皱纹、裂纹、绝缘层脱落、严重的机械或电灼伤痕，玻璃纤维布与树脂间粘接完好不得开胶。

（4）手持部分护套与操作杆连接紧密、无破损，不产生相对滑动或转动。

2. 使用要求

（1）绝缘操作杆的规格必须符合被操作设备的电压等级，切不可任意取用。

（2）操作前，绝缘操作杆表面应用清洁的干布擦拭干净，使表面干燥、清洁。

（3）操作时，人体应与带电设备保持足够的安全距离，操作者的手握部位不得越过护环，以保持有效的绝缘长度，并注意防止绝缘操作杆被人体或设备短接。

（4）为防止因受潮而产生较大的泄漏电流，危及操作人员的安全，在使用绝缘操作杆拉合隔离开关或经传动机构拉合隔离开关和断路器时，均应戴绝缘手套。

（5）雨天在户外操作电气设备时，绝缘操作杆的绝缘部分应有防雨罩，防雨罩的上口应与绝缘部分紧密结合，无渗漏现象，以便阻断流下的雨水，使其不致形成连续的水流柱而大大降低湿闪电压。另外，雨天使用绝缘杆操作室外高压设备时，还应穿绝缘靴。

（四）核相器

1. 检查要求

（1）核相器的标称电压或标称电压范围、标称频率或标称频率范围、能使用的等级（A、B、C或D）、生产厂名称、型号、出厂编号、指明户内或户外形、适应气候类别（D、C或G）、生产日期、警示标记、供电方式及带电作业用（双三角）符号等标识清晰完整。

（2）核相器的各部件，包括手柄、手护环、绝缘元件、电阻元件、限位标记和接触电极、连接引线、接地引线、指示器、转接器和绝缘杆等均应无明显损伤。指示器表面应光滑、平整，绝缘杆内外表面应清洁、光滑，无划痕及硬伤。连接线绝缘层应无破损、老化现象，导线无扭结现象。

（3）各部件连接应牢固可靠，指示器应密封完好。

2. 使用要求

（1）核相器的规格必须符合被操作设备的电压等级，使用核相器时，应轻拿轻放。

（2）操作前，核相器杆表面应用清洁的干布擦拭干净，使表面干燥、清洁。

（3）操作时，人体应与带电设备保持足够的安全距离，操作者的手握部位不得越过护手环，以保持有效的绝缘长度。

（五）绝缘遮蔽罩

1. 检查要求

（1）绝缘遮蔽罩的制造厂名、商标、型号、制造日期、电压等级及带电作业用（双三角）符号等标识清晰完整。

（2）遮蔽罩内外表面不应存在破坏其均匀性、损坏表面光滑轮廓的缺陷，如小孔、裂缝、局部隆起、切口、夹杂导电异物、折缝、空隙及凹凸波纹等。

（3）提环、孔眼、挂钩等用于安装的配件应无破损，闭锁部件应开闭灵活，闭锁可靠。

2. 使用要求

（1）绝缘遮蔽罩应根据使用电压的等级来选择，不得越级使用。

（2）当环境温度为 −25℃~+55℃时，建议使用普通遮蔽罩；当环境温度为 −40℃~+55℃，建议使用 C 类遮蔽罩；当环境温度为 −10℃~+70℃时，建议使用 W 类遮蔽罩。

（3）现场带电安放绝缘遮蔽罩时，应按要求穿戴绝缘防护用具。

（六）绝缘隔板

1. 检查要求

（1）绝缘隔板的标识清晰完整。

（2）隔板无老化、裂纹或孔隙。

（3）绝缘隔板一般用环氧玻璃丝板制成，用于 10kV 电压等级的绝缘隔板厚度不应小于 3mm，用于 35kV 电压等级的绝缘隔板厚度不应小于 4mm。

2. 使用要求

（1）装拆绝缘隔板时应与带电部分保持一定距离（符合安全规程的要求），或者使用绝缘工具进行装拆。

（2）使用绝缘隔板前，应先擦拭绝缘隔板的表面，保持表面洁净。

（3）现场放置绝缘隔板时，应戴绝缘手套；如在隔离开关动、静触头之间放置绝缘隔板时，应使用绝缘棒。

（4）绝缘隔板在放置和使用中要防止脱落，必要时可用绝缘绳索将其固定并保证牢靠。

（5）绝缘隔板应使用尼龙等绝缘挂线悬挂，不能使用胶质线，以免在使用中造成接地或短路。

（七）绝缘夹钳

1. 检查要求

（1）绝缘夹钳的型号规格、制造厂名、制造日期、电压等级等标识清晰完整。

（2）绝缘夹钳的绝缘部分应无气泡、皱纹、裂纹、绝缘层脱落、严重的机械或电灼伤痕，玻璃纤维布与树脂间粘接完好不得开胶。握手部分护套与绝缘部分连接紧密、无破损，不产生相对滑动或转动。

（3）绝缘夹钳的钳口动作灵活，无卡阻现象。

2. 使用要求

（1）绝缘夹钳的规格应与被操作线路的电压等级相符合。

（2）操作前，绝缘夹钳表面应用清洁的干布擦拭干净，使表面干燥、清洁。

（3）操作时，应戴护目眼镜、绝缘手套和穿绝缘鞋或站在绝缘台（垫）上，精神集中，保持身体平衡，握紧绝缘夹钳，不使其滑脱落下。人体应与带电设备保持足够的安全距离，操作者的手握部位不得越过护环，以保持有效的绝缘长度，并注意防止绝缘夹钳被人体或设备短接。

（4）绝缘夹钳严禁装接地线，以免接地线在空中摆动触碰带电部分造成接地短路或触电事故。

（5）在潮湿天气，应使用专用的防雨绝缘夹钳。

三、登高工器具

登高工器具是用于登高作业、临时性高处作业的工具，包括脚扣、升降板（登高板）、梯子、软梯、快装脚手架及检修平台等。

（一）脚扣

1. 检查要求

（1）标识清晰完整，金属母材及焊缝无任何裂纹和目测可见的变形，表面光洁，边缘呈圆弧形。

（2）围杆钩在扣体内滑动灵活、可靠，无卡阻现象；保险装置可靠，防止围杆钩在扣体内脱落。

（3）小爪连接牢固，活动灵活。

（4）橡胶防滑块与小爪钢板、围杆钩连接牢固，覆盖完整，无破损。

（5）脚带完好，止脱扣良好，无霉变、裂缝或严重变形。

2. 使用要求

（1）登杆前，应在杆根处进行一次冲击试验，无异常方可继续使用。

（2）应将脚扣脚带系牢，登杆过程中应根据杆径粗细随时调整脚扣尺寸。

（3）特殊天气使用脚扣时，应采取防滑措施。

（4）严禁从高处往下扔摔脚扣。

（二）升降板（登高板）

1. 检查要求

（1）标识清晰完整，钩子不得有裂纹、变形和严重锈蚀，心形环完整、下部有插花，绳索无断股、霉变或严重磨损。

（2）踏板窄面上不应有节子，踏板宽面上节子的直径不应大于6mm，干燥细裂纹长不应大于150mm，深不应大于10mm。踏板无严重磨损，有防滑花纹。

（3）绳扣接头每绳股连续插花应不少于4道，绳扣与踏板间应套接紧密。

2. 使用要求

（1）登杆前在杆根处对升降板（登高板）进行冲击试验，判断升降板（登高板）是否有变形和损伤。

（2）升降板（登高板）的挂钩钩口应朝上，严禁反向。

（三）梯子

1. 检查要求

（1）型号或名称及额定载荷、梯子长度、最高站立平面高度、制造者或销售者名称（或标识）、制造年月、执行标准及基本危险警示标志（复合材料梯的电压等级）应清晰明显。

（2）踏棍（板）与梯梁连接牢固，整梯无松散，各部件无变形，梯脚防滑良好，梯子竖立后平稳，无目测可见的侧向倾斜。

（3）升降梯升降灵活，锁紧装置可靠。铝合金折梯铰链牢固，开闭灵活，无松动。

（4）折梯限制开度装置完整牢固。延伸式梯子操作用绳无断股、打结等现象，升降灵活，锁位准确可靠。

（5）竹木梯无虫蛀、腐蚀等现象。木梯梯梁的窄面不应有节子，宽面上允许有实心的或不透的、直径小于13mm的节子，节子外缘距梯梁边缘应大于13mm，两相邻节子外缘距离不应小于0.9m。踏板窄面上不应有节子，踏板宽面上节子的直径不应大于6mm，踏棍上不应有直径大于3mm的节子。干燥细裂纹长不应大于150mm，深不应大于10mm。梯梁和踏棍（板）连接的受剪切面及其附近不应有裂缝，其他部位的裂缝长不应大于50mm。

（6）单梯在距梯顶1m处应设限高标志。

2．使用要求

（1）梯子应能承受作业人员及所携带的工具、材料攀登时的总重量。

（2）梯子不得接长或垫高使用。如需接长时，应用铁卡子或绳索切实卡住或绑牢并加设支撑。

（3）梯子应放置稳固，梯脚要有防滑装置。使用前，应先进行试登，确认可靠后方可使用。有人员在梯子上工作时，梯子应有人扶持和监护。

（4）梯子与地面的夹角应为65°至75°之间，工作人员必须在距梯顶1m以下的梯蹬上工作。

（5）人字梯应具有坚固的铰链和限制开度的拉链。

（6）靠在管子上、导线上使用梯子时，其上端需用挂钩挂住或用绳索绑牢。

（7）在通道上使用梯子时，应设监护人或设置临时围栏。梯子不准放在门前使用，必要时采取防止门突然开启的措施。

（8）严禁人在梯子上时移动梯子，严禁上下抛递工具、材料。

（9）在变电站高压设备区或高压室内应使用绝缘材料的梯子，禁止使用金属梯子。搬动梯子时，应放倒两人搬运，并与带电部分保持安全距离。

（四）软梯

1．检查要求

（1）标志清晰，每股绝缘绳索及每股线均应紧密绞合，不得有松散、分股的现象。

（2）绳索各股及各股中丝线均不应有叠痕、凸起、压伤、背股、抽筋等缺陷，不得有错乱、交叉的丝、线、股。

（3）接头应单根丝线连接，不允许有股接头。单丝接头应封闭于绳股内部，不得露在外面。

（4）股绳和股线的捻距及纬线在其全长上应均匀。

（5）经防潮处理后的绝缘绳索表面应无油渍、污迹、脱皮等。

2. 使用要求

（1）使用软梯进行移动作业时，软梯上只准一人工作。工作人员到达梯头上进行工作和梯头开始移动前，应将梯头的封口可靠封闭，否则应使用保护绳防止梯头脱钩。

（2）在连续档距的导、地线上挂软梯时，其导、地线的截面不得小于：钢芯铝绞线和铝合金绞线 120mm^2；钢绞线 50mm^2（等同 OPGW 光缆和配套的 LGJ 70/40 型导线）。

（3）在瓷横担线路上禁止挂梯作业，在转动横担的线路上挂梯前应将横担固定。

（五）快装脚手架

1. 检查要求

（1）复合材料构件表面应光滑，绝缘部分应无气泡、皱纹、裂纹、绝缘层脱落、明显的机械或电灼伤痕，纤维布（毡、丝）与树脂间粘接完好，不得开胶。

（2）供操作人员站立、攀登的所有作业面应具有防滑功能。

（3）外支撑杆应能调节长度，并有效锁止，支撑脚底部应有防滑功能。

（4）底脚应能调节高低且有效锁止，轮脚均应具有刹车功能，刹车后，脚轮中心应与立杆同轴。

2. 使用要求

（1）使用前，全面检查已搭建好的脚手架，保证遵循所有的装配须知，保证脚手架的零件没有任何损坏。

（2）当脚手架已经调平且所有脚轮和调节腿已经固定，爬梯、平台板、开口板已钩好，才能爬上脚手架。

（3）当平台上有人和物品时，不要移动或调整脚手架。

（4）可从脚手架的内部爬梯进入平台，或从搭建梯子的梯阶爬入，还可以通过框架的过道进入，或通过平台的开口进入工作平台。

（5）如果在基座部分增加了垂直的延伸装置，必须在脚手架上使用外支撑或加宽工具进行固定。

（6）当平台高度超过 1.20m 时，必须使用安全护栏。

（7）严禁在脚手架上面使用产生较强冲击力的工具，严禁在大风中使用脚手架，严禁超负荷使用脚手架，严禁在软地面上使用脚手架。

（8）所有操作人员在搭建、拆卸和使用脚手架时，须戴安全帽，系好安全带。

（六）检修平台

1. 检查要求

（1）拆卸型检修平台。

①检修平台的复合材料构件表面应光滑，绝缘部分应无气泡、皱纹、裂纹、绝缘层脱落、明显的机械或电灼伤痕，玻璃纤维布（毡、丝）与树脂间粘接完好，不得开胶。

②检修平台的金属材料零件表面应光滑、平整，棱边应倒圆弧，不应有尖锐棱角，应进行防腐处理（铝合金宜采用表面阳极氧化处理；黑色金属宜采用镀锌处理；可旋转部位的材料宜采用不锈钢）。

③检修平台供操作人员站立、攀登的所有作业面应具有防滑功能。

④梯台型检修平台作业面上方不低于 1m 的位置应配置安全带或防坠器的悬挂装置，平台上方 1050~1200mm 处应设置防护栏。

（2）升降型检修平台。

①复合材料构件及作业面要求同拆卸型检修平台。

②起升降作用的牵引绳索（宜采用非导电材料）应无灼伤、脆裂、断股、霉变和扭结。

③升降锁止机构应开启灵活、定位准确、锁止牢固且不损伤横档。

④应装有机械式强制限位器，保证升降框架与主框架之间有足够的安全搭接量。

2. 使用要求

（1）按使用说明书的要求进行操作。

（2）应安装牢固。

（3）出工前、收工后应在安全工器具领出、收回记录中详细记录检修平台编号、领出和收回时间、使用者姓名、检查是否完好等内容。

四、安全围栏（网）和标识牌

安全围栏（网）包括用各种材料做成的安全围栏、安全围网和红布幔，标识牌包括各种安全警告牌、设备标示牌、锥形交通标、警示带等。

第三节　常用施工机具安全使用要求

一、一般规定

常用施工机具的使用应遵守以下安全规定。

（1）机具应由了解其性能并熟悉操作知识的人员操作。各种机具都应由专人维护、保管，并应挂安全操作牌。修复后的机具经试验鉴定合格后方可使用。

（2）机具外露的转动部分应装设保护罩。转动部分应保持润滑。

（3）机具的电压表、电流表、压力表、温度计等监测仪表，以及制动器、限制器、安全阀等安全装置应齐全、完好。

（4）机具应按其出厂说明书和铭牌的规定使用。使用前应进行检查，不得使用已变形、破损、有故障等不合格的机具。

（5）电动机具应接地良好。

（6）电动机具在运行中不得进行检修或调整；检修、调整或中断使用时，应将其电源断开。不得将机具、附件放在机器或设备上。不得站在移动式梯子上或其他不稳定的地方使用电动机具。

二、电动工器具

（1）电动工器具的单相电源线应选用带有 PE 线芯的三芯软橡胶电缆，三相电源线应选用带有 PE 线芯的五芯软橡胶电缆；接线时，电缆线护套应穿进设备的接线盒内并予以固定。

（2）电动工器具使用前应检查下列各项：

①外壳、手柄无裂缝、无破损。

②保护接地线或接零线连接正确、牢固。

③电缆或软线完好。

④插头完好。

⑤开关动作正常、灵活、无缺损。

⑥电气保护装置完好。

⑦机械防护装置完好。

⑧转动部分灵活。

⑨有检测标识。

（3）电动工器具的绝缘电阻应定期用 500V 的绝缘电阻表进行测量，如带电部件与外壳之间绝缘电阻值达不到 2MΩ 时，应进行维修处理。绝缘电阻的测量数据应符合表 1-1 的规定。

表 1-1　各类电动工器具绝缘电阻的测量数据

测量部位	绝缘电阻（MΩ）		
	Ⅰ类工具	Ⅱ类工具	Ⅲ类工具
带电零件与外壳之间	2	7	1

（4）电动工器具的电气部分经维修后，应进行绝缘电阻测量及绝缘耐压试验。绝缘耐压试验时间应维持 1min，试验方法如表 1-2 所示。

表 1-2　各类电动工器具绝缘耐压试验

试验电压的施加部位		试验电压（V）		
		Ⅰ类工具	Ⅱ类工具	Ⅲ类工具
带电零件与外壳之间	仅由基本绝缘与带电零件间隔	1250	—	500
	由加强绝缘与带电零件隔离	3750	3750	—

注　波形为实际正弦波、频率 50Hz 的试验电压施加 1min，不出现绝缘击穿或闪络。

（5）连接电动机具的电气回路应单独设开关或插座，并装设剩余电流动作保护装置（漏电保护器），金属外壳应接地；1 台剩余电流动作保护装置（漏电保护器）不得控制 2 台及以上电动工具。

（6）使用电动扳手时，应将反力矩支点靠牢并确实扣好螺帽后方可开动。

（7）电动机具的操作开关应置于操作人员伸手可及的部位。当休息、下班或作业中突然停电时，应切断电源侧开关。

（8）使用可携式或移动式电动工具时，应戴绝缘手套或站在绝缘垫上；

移动工具时，应关闭、断开电源，不得提着电线或工具的转动部分，不得拖拽电线。

（9）在一般作业场所（包括金属构架上），应使用Ⅱ类电动工具（带绝缘外壳的工具）。在潮湿的场地上应使用24V及以下电动工具，否则应使用带绝缘外壳的工具，并应选用额定剩余动作电流小于30mA、无延时的剩余电流动作保护装置。在金属容器内操作手持式电动工具或使用非安全电压的行灯时，应选用额定剩余动作电流为10mA、无延时的剩余电流动作保护装置，且应设专人不间断地监护。剩余电流动作保护器装置（漏电保护器）、电源连接器和控制箱等应放在容器外面。电动工具的开关应设在监护人伸手可及的地方。

（10）磁力吸盘电钻的磁盘平面应平整、干净、无锈，进行侧钻或仰钻时，应采取防止失电后钻体坠落的措施。

三、砂轮机

（1）更换新砂轮时，应切断总电源，同时安装前应检查砂轮片是否有裂纹。

（2）砂轮机应配有支撑加工件的托架。工件托架应坚固和易于调节。

（3）使用者要戴防护镜，站在侧面操作，不得正对砂轮。

（4）使用砂轮机时，不得戴手套，不得使用棉纱等物包裹刀具进行磨削。

（5）在同一块砂轮上，不得两人同时使用，不得在砂轮的侧面磨削。

（6）砂轮不得沾水，要保持干燥。

（7）不得单手持工件进行磨削，防止脱落在防护罩内卡破砂轮。

（8）磨削完毕，应关闭电源，不要让砂轮机空转，同时要经常清除防护罩内积尘，并定期检修更换主轴润滑油脂

四、切割机

（1）切割前应对电源开关、锯片的松紧度、锯片护罩或安全挡板进行详细检查，操作台应稳固。

（2）加工的工件应夹持牢靠，工件装夹不紧不得开始切割。

（3）不得在砂轮平面上修磨工件的毛刺，防止砂轮片碎裂。

（4）切割时，操作者应偏离砂轮片正面，并戴好防护眼镜。

（5）护罩未到位时不得操作。

（6）出现不正常声音时，应立刻停止检查；维修或更换配件前应先切断电源，并等锯片完全停止。

五、台钻（钻床）

（1）操作人员应穿工作服、扎紧袖口，作业时不得戴手套，头发、发辫应盘入帽内。

（2）钻具、工件均应固定牢固。薄件和小工件施钻时，不得直接用手扶持。

（3）大工件施钻时，除用夹具或压板固定外，还应加设支撑。

（4）钻孔时不可用手直接拉切屑，也不能用纱头或嘴吹清除切屑。头部与钻床旋转部分应保持安全距离，机床未停稳，不得转动变速盘变速，不得用手把握未停稳的钻头或钻夹头。

（5）清除铁屑要用毛刷等工具，不得用手直接清理。

六、电动弯管机

（1）弯管机上的液压部分应密封可靠，油路应工作正常，由专人操作，不得用软管拖拉弯管机，作业区域无关人员不得逗留或行走。

（2）拆卸钢管及更换模具时，操作人员应戴手套，以防毛刺伤手。

七、液压工器具

（1）液压工器具使用前应检查下列各部件：
①油泵和液压机具应配套。
②各部部件应齐全。
③液压油位足够。
④加油通气塞应旋松。
⑤转换手柄应放在零位。
⑥机身应可靠接地。
⑦施压前应将压钳的端盖拧满扣，防止施压时端盖蹦出。

（2）夏季使用电动液压工器具时应防止暴晒，其液压油油温不得超过65℃。冬季如遇油管冻塞时，不得火烤解冻。

（3）安装液压工器具部件时，不得按动手柄的开关。

八、其他工器具

喷灯的使用应遵守以下安全规定。

（1）喷灯使用前发现漏气、漏油者，不得使用。不得放在火炉上加热。加油不可太满，充气气压不应过高。

（2）喷灯燃着后不得倒放，禁止加油。在易燃物附近，不得使用喷灯。作业场所应空气流通。

（3）在带电区附近使用喷灯时，火焰与裸露的带电部分的距离应满足表1-3的要求。

表1-3　喷灯火焰与带电部分的最小允许距离

电压（kV）等级	< 1	1~10	> 10
最小允许距离（m）	1	1.5	3

（4）液化气喷灯在室内使用时，应保持良好的通风，以防中毒。

（5）喷灯使用完毕应及时放气，并开关一次油门，避免油门堵塞。

第四节　现场标准化作业指导书（现场执行卡）的编制与应用

编制和执行标准化作业指导书是实现现场标准化作业的具体形式和方法。标准化作业指导书应突出安全和质量两条主线，对现场作业活动的全过程进行细化、量化、标准化，保证作业过程安全和质量处于可控、在控状态，达到事前管理、过程控制的要求和预控目标。现场作业指导书是明确作业计划、准备、实施、总结等环节的具体操作方法、步骤、措施、标准和人员责任，依据工作流程组合成的执行文件。

一、现场标准化作业指导书（现场执行卡）的编制原则和依据

1. 现场标准化作业指导书的编制原则

按照电力安全生产有关法律法规、技术标准、规程规定的要求和《国家电网公司现场标准化作业指导书编制导则》，作业指导书的编制应遵循以下原则。

（1）坚持"安全第一、预防为主、综合治理"的方针，体现凡事有人负责、凡事有章可循、凡事有据可查、凡事有人监督"的"四个凡事"要求。

（2）符合安全生产法规、规定、标准、规程的要求，具有实用性和可操作性。概念清楚、表达准确、文字简练、格式统一，且含义具有唯一性。

（3）现场作业指导书的编制应依据生产计划和现场作业对象的实际，进行危险点分析，制定相应的防范措施。体现对现场作业的全过程控制，体现对设备及人员行为的全过程管理。

（4）现场作业指导书应在作业前编制，注重策划和设计，量化、细化、标准化每项作业内容。集中体现工作（作业）要求具体化、工作人员明确化、工作责任直接化、工作过程程序化，做到作业有程序、安全有措施、质量有标准、考核有依据，并起到优化作业方案，提高工作效率、降低生产成本的作用。

（5）现场作业指导书应以人为本，贯彻安全生产健康环境质量管理体系（SHEQ）的要求，应规定保证本项作业安全和质量的技术措施、组织措施、工序及验收内容。

（6）现场作业指导书应结合现场实际由专业技术人员编写，由相应的主管部门审批，编写、审核、批准和执行应签字齐全。

2. 现场标准化作业指导书的编制依据

（1）安全生产法律法规、标准、规程及设备说明书。

（2）缺陷管理、反措要求、技术监督等企业管理规定和文件。

二、现场标准化作业指导书的结构内容及格式

1. 现场标准化作业指导书的结构

现场标准化作业指导书的结构由封面、范围、引用文件、施工前准备、流程图、作业程序及工艺标准、验收记录、指导书执行情况评估和附录9项内容组成。

2. 现场标准化作业指导书的内容格式

（1）封面：由作业名称、编号、编写人及时间、审核人及时间、批准人及时间、作业负责人、作业工期、编写单位8项内容组成。

（2）范围：对作业指导书的应用范围做出具体的规定。

（3）引用文件：明确编写作业指导书所引用的法规、规程、标准、设备

说明书及企业管理规定和文件。

（4）施工前准备：由准备工作安排、作业人员要求、备品备件、工器具、材料、定置图及围栏图、危险点分析、安全措施、人员分工9部分组成。其中，"作业人员要求"包括：工作人员的精神状态和工作人员的资格具备（包括作业技能、安全资质和特殊工种资质）。

"危险点分析"包括：作业场地的特点，如带电、交叉作业、高空等可能给作业人员带来的危险因素；工作环境的情况，如高温、高压、易燃、易爆、有害气体、缺氧等，可能给工作人员安全健康造成的危害；施工作业中使用的机械、设备、工具等可能给工作人员带来的危害或设备异常；操作程序、工艺流程颠倒，操作方法的失误等可能给工作人员带来的危害或设备异常；作业人员的身体状况不适、思想波动、不安全行为、技术水平能力不足等可能带来的危害或设备异常；其他可能给作业人员带来危害或造成设备异常的不安全因素等。

"安全措施"包括：各类工器具的使用措施，如梯子、吊车、电动工具等；特殊工作措施，如高处作业、电气焊、油气处理、汽油的使用管理等；交叉作业措施；储压、旋转元件检修措施，如储压器、储能电机等；对危险点、相邻带电部位所采取的措施；施工作业票中所规定的安全措施；规定着装等。

（5）流程图：根据施工设备的结构，将现场作业的全过程以最佳的施工顺序，对施工项目完成时间进行量化，明确完成时间和责任人，而形成的施工流程。

（6）作业程序及工艺标准：由开工、施工电源的使用、动火、施工作业内容和工艺标准、竣工5部分组成。其中，"施工作业内容和工艺标准"包括：按照施工流程图，对每一个作业项目，明确工艺标准、安全措施及注意事项，记录作业结果和责任人等。

（7）验收记录：记录安装中改进和更换的零部件、存在问题及处理意见、施工作业班组验收意见及签字、项目部（队）验收意见及签字、分公司（公司）验收意见及签字等。

（8）指导书执行情况评估：对指导书的符合性、可操作性进行评价；对可操作项、不可操作项、修改项、遗漏项、存在问题做出统计；提出改进意见。

（9）附录：设备主要技术参数、安装调试数据记录。必要时附设备简图说明作业现场情况。

现场标准化作业指导书范例见附录 A。

三、现场标准化作业指导书（现场执行卡）的编制

根据《输变电设备现场标准化作业管理规定》，按照"简化、优化、实用化"的要求，现场标准化作业根据不同的作业类型，采用风险控制卡、工序质量控制卡，重大检修项目应编制施工方案。风险控制卡、工序质量控制卡统称"现场执行卡"。

现场执行卡的编写和使用应遵守以下原则。

（1）符合安全生产法律法规、规定、标准、规程的要求，具有实用性和可操作性。内容应简单、明了、无歧义。

（2）应针对现场和作业对象的实际进行危险点分析，制定相应的防范措施，体现对现场作业的全过程控制，对设备及人员行为实现全过程管理，不能简单照搬照抄范本。

（3）现场执行卡的使用应体现差异化，根据作业负责人技能等级区别使用不同级别的现场执行卡。

（4）应重点突出现场安全管理，强化作业中工艺流程的关键步骤。

（5）原则上，凡使用施工作业票或工作票的改扩建工程作业，应同时对应每份施工作业票或工作票编写和使用一份现场执行卡。对于部分作业指导书包含的复杂作业，也可根据现场实际需要对应一份或多份现场执行卡。

（6）涉及多专业的作业，各有关专业要分别编制和使用各自专业的现场执行卡，现场执行卡在作业程序上应能实现相互之间的有机结合。

变电二次安装现场执行卡采用分级编制的原则，根据作业负责人的技能水平和工作经验使用不同等级的现场执行卡。设定作业负责人等级区分办法，根据各作业负责人的技能等级和工作经验及能力综合评定，每年审核下发负责人等级名单。作业负责人应依据单位认定的技能等级采用相应的现场执行卡。

四、现场标准化作业指导书（现场执行卡）的应用

现场标准化作业对列入生产计划的各类现场作业均必须使用经过批准的

现场标准化作业指导书（现场执行卡）。各单位在遵循现场标准化作业基本原则的基础上，根据实际情况对现场标准化作业指导书（现场执行卡）的使用做出明确规定，并可以采用必要的方便现场作业的措施。

（1）使用现场标准化作业指导书（现场执行卡）前，必须对作业人员进行专题培训，保证作业人员熟练掌握作业程序和各项安全、质量要求。

（2）在现场作业实施过程中，施工负责人对现场标准化作业指导书（现场执行卡）按作业程序的正确执行负全面责任。施工负责人应亲自或指定专人按现场执行步骤填写、逐项打钩和签名，不得跳项和漏项，并做好相关记录。有关人员必须履行签字手续。

（3）依据现场标准化作业指导书（现场执行卡）工作过程中，如发现与现场实际相关图纸及有关规定不符等情况，应立即停止工作，作业施工负责人根据现场实际情况及时修改现场标准化作业指导书（现场执行卡），履行审批手续并做好记录后，作业人员按修改后的指导书继续工作。

（4）依据现场标准化作业指导书（现场执行卡）工作过程中，如发现设备存在事先未发现的缺陷和异常，作业人员应立即汇报工作负责人，并进行详细分析，确定处理意见，并经现场标准化作业指导书（现场执行卡）审批人同意后，方可进行下一项工作。设备缺陷或异常情况及处理结果，应详细记录在现场标准化作业指导书（现场执行卡）中。作业结束后，现场标准化作业指导书（现场执行卡）的审批人应履行补签字手续。

（5）作业完成后，施工负责人应对现场标准化作业指导书（现场执行卡）的应用情况做出评估，明确修改意见并在作业完工后及时反馈给现场标准化作业指导书（现场执行卡）的编制人。

（6）设备发生变更时，应根据现场实际情况修改现场标准化作业指导书，并履行审批手续。

（7）对大型、复杂、不常进行、危险性较大的作业，应编制风险控制卡、工序质量控制卡和施工方案，并同时使用作业指导书。

（8）对危险性相对较小的作业、规模一般的作业、单一设备的简单和常规作业、作业人员较熟悉的作业，应在对作业指导书充分熟悉的基础上，编制和使用现场执行卡。

五、现场标准化作业指导书（现场执行卡）的管理

标准化作业应按分层管理原则对现场标准化作业指导书（现场执行卡）明确归口管理部门。公司各单位应明确现场标准化作业指导书（现场执行卡）管理的负责人、专责人，负责现场标准化作业的严格执行。

（1）现场标准化作业指导书一经批准，不得随意更改。如因现场作业环境发生变化、指导书与实际不符等情况需要更改时，必须立即修订并履行相应的批准手续后才能继续执行。

（2）执行过的现场标准化作业指导书（现场执行卡）应经评估、签字、主管部门审核后存档。

（3）对现场标准化作业指导书实施动态管理，对其及时进行检查总结、补充完善。作业人员应及时填写使用评估报告，对指导书的针对性、可操作性进行评价，提出改进意见，并结合实际进行修改。工作负责人和归口管理部门应对作业指导书的执行情况进行监督检查，并定期对作业指导书及其执行情况进行评估，将评估结果及时反馈给编写人员，以指导作业指导书的日后编写。

（4）积极探索，采用现代化的管理手段，开发现场标准化作业管理软件，逐步实现现场标准化作业信息网络化。

第五节　施工作业的基本安全要求

一、运输

1. 站内运输

（1）运输超高、超宽、超长或质量大的物件时，应遵守下列规定：
①对运输道路进行详细勘查。
②对运输道路上方的障碍物及带电体等进行测量，其安全距离应满足有关规定。
③制定运输方案和安全技术措施，经总工程师批准后执行。
④专人检查工具和运具，不得超载。

⑤物件的重心与车厢的承重中心基本一致。

⑥运输超长物体需设置超长架，运输超高物件应采取防倾倒的措施，运输易滚动物件应有防滚动的措施。

⑦运输途中有专人领车、监护，并设必要的标志。

⑧中途夜间停运时，设红灯示警，并设专人看守。

⑨用拖车装运大型设备时，应进行稳定性计算，并采取防止剧烈冲击或振动的措施。

（2）叉车运输应遵守下列规定：

①叉车应按规定的性能使用，使用前应对行驶、升降、倾斜等机构进行检查，叉车运输中不得载人。

②叉车不得快速启动、急转弯或突然制动，在转弯、拐角、斜坡及弯曲道路上应低速行驶，倒车时，不得用紧急制动。

③叉车工作结束后，应关闭所有控制器，切断动力源，扳下制动闸，将货叉放至最低位置并取出钥匙或拉出联锁后方可离开。

（3）现场专用机动车辆的使用应遵守下列规定：

①应有专人驾驶及保养，驾驶人员应考试合格并取得驾驶许可证。

②使用前应检查制动器、喇叭、方向机构等是否完好。

③装运物件应垫稳、捆牢，不得超载。

④行驶时，驾驶室外及车厢外不得载人，启动前应先鸣号，车速不得超过15km/h，停车后应切断动力源，扳下制动闸后驾驶员方可离开。

2. 装卸及搬运

（1）沿斜面搬运时，应搭设牢固可靠的跳板，其坡度不得大于1∶3，跳板的厚度不得小于50mm。跳板上宜装防滑条。

（2）在坡道上搬运时，物件应用绳索拴牢，并做好防止倾倒的措施，施工人员应站在侧面，下坡时应用绳索拴住。

（3）车（船）装卸用平台应牢固、宽敞，荷重后平台应均匀受力，并考虑车、船承载卸载时弹簧回落、弹起及船体下沉和上浮所造成的高差。

（4）自卸车的制翻装置应可靠，卸车时，车斗不得朝有人的方向倾倒。

（5）使用两台不同速度的牵引机械卸车（船）时，应采取使设备受力均匀、拉牵速度一致的可靠措施。牵引的着力点应在设备的重心以下。

（6）拖运滑车组的地锚应经计算，使用中应经常检查。严禁在不牢固的建筑物或运行的设备上绑扎滑车组。打桩绑扎拖运滑车组时，应了解地下设施情况。

（7）安放滚杠的人员应蹲在侧面，在滚杠端部进行调整。

（8）在拖拉钢丝绳导向滑轮内侧的危险区内严禁有人通过或停留。

二、交叉作业

（1）作业前，应明确交叉作业各方的施工范围及安全注意事项；垂直交叉作业，层间应搭设严密、牢固的防护隔离设施，或采取防高处落物、防坠落等防护措施。

（2）交叉作业时，作业现场应设置专责监护人，上层物件未固定前，下层应暂停作业。工具、材料、边角余料等不得上下抛掷。不得在吊物下方接料或停留。

（3）交叉作业场所的通道应保持畅通；有危险的出入口处应设围栏并悬挂安全标志。

（4）交叉作业场所应保持充足光线。

三、电气设备安装

1. 蓄电池组安装

（1）蓄电池存放地点应清洁、通风、干燥，搬运电池时不得触动极柱和安全阀。

（2）蓄电池开箱时，撬棍不得利用蓄电池作为支点，防止损毁蓄电池。

（3）蓄电池室应在设备安装前完善照明、通风和室温控制设置。蓄电池安装过程及完成后室内禁止烟火。

（4）安装或搬运电池时应戴绝缘手套、围裙和护目镜，若酸液泄漏溅落到人体上，立即用苏打水和清水冲洗。

（5）紧固电极连接件时所用的工具要带有绝缘手柄，应避免蓄电池极柱短路。

（6）安装免维护蓄电池组应符合产品技术文件的要求，不得人为随意开启安全阀。

（7）安装镉镍碱性蓄电池组应遵守下列规定：

①配制和存放电解液应用耐碱器具，并将碱慢慢倒入蒸馏水或去离子水

中，并用干净耐碱棒搅动，严禁将水倒入电解液中。

②装有催化栓的蓄电池初充电前应将催化栓旋下，等初充电全过程结束后重新装上。

③带有电解液并配有专用防漏运输螺塞的蓄电池，初充电前应取下运输螺塞换上有孔气塞，并检查液面，液面不应低于下液面线。

（8）铅酸蓄电池组安装应按照产品技术文件的规定执行。

2. 盘、柜安装

（1）应在土建条件满足要求时，方可进行盘、柜安装。

（2）盘、柜在安装地点拆箱后，应立即将箱板等杂物清理干净，以免阻塞通道或钉子扎脚，并将盘、柜搬运至安装地点摆放或安装，防止受潮、雨淋。

（3）盘、柜就位要防止倾倒伤人和损坏设备，撬动就位时人力应足够，指挥应统一。狭窄处应防止挤伤。

（4）盘、柜底加垫时不得将手伸入底部，应防止安装时挤压手脚。

（5）盘、柜在安装固定好以前，应有防止倾倒的措施，特别是重心偏在一侧的盘柜。对变送器等稳定性差的设备，安装就位后应立即将全部安装螺栓紧好，禁止浮放。

（6）在墙上安装操作箱及其他较重的设备时，应做好临时支撑，固定好后方可拆除该支撑。

（7）盘、柜内的各式熔断器，凡直立布置者应上口接电源，下口接负荷。

（8）施工区周围的孔洞应采取措施可靠遮盖，防止人员摔伤。

（9）高压开关柜、低压配电屏、保护盘、控制盘及各式操作箱等需要部分带电时，应符合下列规定：

①需要带电的系统，其所有设备的接线确已安装调试完毕，并应设立临时运行设备名称及编号标志。

②带电系统与非带电系统应有明显可靠的隔断措施，并应设带电安全标志。

③部分带电的装置应遵守运行的有关管理规定，并设专人管理。

3. 电缆安装

（1）电缆敷设。

①在开挖邻近地下管线的电缆沟时，应取得业主提供的有关地下管线等

的资料，按设计要求制定开挖方案，并报监理和业主确认。

②电缆敷设前，电缆沟及电缆夹层内应清理干净，并应有足够的照明。

③线盘架设应选用与线盘相匹配的放线架，且架设平稳。放线人员应站在线盘的侧后方。当放到线盘上的最后几圈时，应采取措施防止电缆突然蹦出。

④电缆敷设时，盘边缘距地面不得小于100mm，电缆盘转动力度要均匀，速度要缓慢平稳。

⑤电缆敷设应由专人指挥、统一行动，并有明确的联系信号，不得在无指挥信号时随意拉引，以防人员肢体受伤。

⑥机械敷设电缆时，在牵引端宜制作电缆拉线头，保持匀速牵引，作业人员应遵守有关操作规程，加强巡视，有可靠的联络信号。电缆敷设时应特别注意多台机械运行中的衔接配合与拐弯处的情况。

⑦电缆敷设时，不得在电缆或桥、支架上攀吊或行走。

⑧电缆通过孔洞、管子或楼板时，两侧应设专人监护。入口侧应防止电缆被卡或手被带入孔内，出口侧的人员不得在正面接引。

⑨在高处、临边敷设电缆时，应有防坠落措施。直接站在梯式电缆架上作业时，应核实其强度。强度不够时，应采取加固措施。不应攀登组合式电缆架、吊架和电缆。

⑩电缆敷设时，拐弯处的作业人员应站在电缆外侧。

⑪电缆敷设时，临时打开的孔洞应设围栏或安全标志，完工后立即封闭。

⑫进入带电区域内敷设电缆时，应取得运维单位同意，办理工作票，设专人监护，采取安全措施，保持安全距离，防止误碰运行设备，不得踩踏运行电缆。

⑬电缆穿入带电的盘柜前，电缆端头应做绝缘包扎处理，电缆穿入时盘上应有专人接引，严防电缆触及带电部位及运行设备。

⑭运行屏内进行电缆施工时，应设专人监护，做好带电部分遮挡，核对完电缆芯线后应及时包扎好芯线金属部分，防止误碰带电部分，并及时清理现场。

⑮电缆敷设经过的建筑隔墙、楼板、电缆竖井，以及屏、柜、箱下部电缆孔洞间均应封堵，其中楼板、电缆竖井封堵支架和隔板的设计及施工应能承受工作人员荷载。

（2）热缩电缆头动火制作。

①热缩电缆头制作需动火时应开具动火工作票，落实动火安全责任和措施。

②作业场所 5m 内应无易燃、易爆物品，通风良好。

③火焰枪气管和接头应密封良好。

④做完电缆头后应及时熄灭火焰枪（喷灯），并清除杂物。

4. 其他电气设备安装

（1）凡新装的电气设备或与之连接的机械设备，一经带电或试运后，如需在该设备或系统上进行工作，安全措施应严格按《电建安规》电气设备全部或部分停电作业的相关规定执行。

（2）所有转动机械的电气回路应经操作试验，确认控制、保护、测量、信号回路无误后方可启动。转动机械初次启动时就地应有紧急停车设施。

（3）干燥电气设备或元件，均应控制其温度。干燥场地不得有易燃物，并配备消防设施。

（4）在 10kV 及以上电压的变电站（配电室）中进行扩建时，已就位的设备及母线应接地或屏蔽接地。

（5）在运行的变电站及高压配电室搬动梯子、线材等长物时，应放倒搬运，并应与带电部分保持安全距离。

（6）在带电设备周围不得使用钢卷尺、皮卷尺和线尺（夹有金属丝者）进行测量工作，应用木尺或其他绝缘量具。

（7）拆除电气设备及电气设施时，应符合下列要求：

①确认被拆的设备或设施不带电，并做好相应的安全措施。

②不得破坏原有安全设施的完整性。

③防止因结构受力变化而发生破坏或倾倒。

④拆除旧电缆时应从一端开始，严禁中间切断或任意拖拉。

四、改、扩建工程现场作业

1. 运行区域常规作业

（1）在运行的变电站及高压配电室搬动梯子、线材等长物时，应放倒两人搬运，并应与带电部分保持安全距离。在运行的变电站手持非绝缘物件时，其不应超过本人的头顶，设备区内禁止撑伞。

（2）在带电设备周围，禁止使用钢卷尺、皮卷尺和线尺（夹有金属丝者）进行测量作业，应使用相关绝缘量具或仪器测量。

（3）在带电设备区域内或邻近带电母线处，禁止使用金属梯子。

（4）施工现场应随时固定或清除可能漂浮的物体。

（5）在变电站（配电室）中进行扩建时，已就位的新设备及母线应及时完善接地装置连接。

2. 运行区域设备及设施拆除作业

（1）确认被拆的设备或设施不带电，并做好安全措施。

（2）不得破坏原有安全设施的完整性。

（3）防止因结构受力变化而发生破坏或倾倒。

（4）拆除旧电缆时应从一端开始，不得在中间切断或任意拖拉。

（5）拆除有张力的软导线时应缓慢施放。

（6）弃置的动力电缆头、控制电缆头，除有短路接地外，应一律视为有电。

3. 运行区域室内作业

（1）拆装盘、柜等设备时，作业人员应动作轻慢，防止振动，与运行盘、柜相连固定时，不应敲打盘、柜。

（2）在室内动用电焊、气焊等明火时，除按规定办理动火工作票外，还应制定完善的防火措施，设置专人监护，配备足够的消防器材，所用的隔板应是防火阻燃材料。

（3）运行或运行部分带电盘、柜内作业。

①应了解盘内带电系统的情况，并进行相应的运行区域和作业区域标识。

②安装盘上设备时应穿工作服、戴工作帽、穿绝缘鞋或站在绝缘垫上，使用绝缘工具，整个过程应有专人监护。

③二次接线时，应先接新安装盘、柜侧的电缆，后接运行盘、柜侧的电缆，在运行盘、柜内作业时接线人员应避免触碰正在运行的电气元件。

④在已运行或已装仪表的盘上补充开孔前应编制专项施工措施，开孔时应防止铁屑散落到其他设备及端子上。对邻近由于振动可引起误动的保护应申请临时退出运行。

⑤进行盘、柜上小母线施工时，作业人员应做好相邻盘、柜上小母线的防护作业，新装盘的小母线在与运行盘上的小母线接通前，应有隔离措施。

⑥二次接线及调试时所用的交直流电源，应接在经设备运维单位批准的指定接线位置，作业人员不得随意接取。

⑦电烙铁使用完毕后不得随意乱放，以免烫伤运行的电缆或设备。

（4）运行盘、柜内与运行部分相关回路搭接作业。

①与运行部分相关回路电缆接线的退出及搭接作业应编制专项安全施工方案，并通过设备运维单位会审确认。

②与运行部分相关回路电缆接线的退出及搭接作业的安全技术交底内容应落实到每个接线端子上。

③拆盘、柜内二次电缆时，作业人员应确定所拆电缆确实已退出运行，应用验电笔或表计测量确认后方可作业。拆除的电缆端头应采取绝缘防护措施。

④剪断电缆前，应与电缆走向图纸核对相符，并确认电缆两头接线脱离无电后方可作业。

第二章

保证安全的组织措施和技术措施

第一节　保证作业现场安全的组织措施

保证作业现场安全的组织措施包括：作业风险识别、评估、预控；施工作业票（简称"作业票"）；作业开工；作业监护；作业间断、转移、终结。

一、作业风险识别、评估、预控

（1）施工作业票签发人或工作负责人在作业前应组织开展作业风险评估，确定作业风险等级。

（2）作业前，应通过改善人、机、料、法、环等要素，降低施工作业风险。作业中，采取组织、技术、安全和防护等措施控制风险。

（3）当作业风险因素发生变化时，应重新进行风险评估。

（4）对评估风险等级为三级及以上的作业，应组织作业现场勘察，勘察记录表式可参照附录A，也可以使用其他表式记录勘察人员与勘察情况。现场勘察应满足下列要求：

①现场勘察应由施工作业票签发人或工作负责人组织，安全、技术等相关人员参加。

②现场勘察应查看施工作业现场周边有无影响作业的建构筑物、地下管线、邻近设备、交叉跨越及地形、地质、气象等作业现场条件，以及其他影响作业的风险因素，并提出安全措施和注意事项。

③现场勘察记录应送交施工作业票签发人、工作负责人及相关各方，作

为填写、签发施工作业票等的依据。

④施工作业票签发人或工作负责人在作业前应重新核对现场勘察情况，发现与原勘察情况不符时，应及时修正、完善相应的安全措施。

⑤四级及以上风险作业项目应发布风险预警。

⑥近电作业安全管控，作业人员或机械器具与带电设备的最小距离小于表 2-1 中的控制值，施工项目部应进行现场勘察，修订完善施工方案，并将修订后的施工方案提交运维单位备案。

表 2-1 作业人员或机械器具与带电设备及其他带电体距离风险控制值

电压等级（kV）	控制值（m）	电压等级（kV）	控制值（m）
≤ 10	4.0	± 50 及以下	6.5
20~35	5.5	± 400	11.0
66~110	6.5	± 500	13.0
220	8.0	± 660	15.5
330	9.0	± 800	17.0
500	11.0		
750	14.5		
1000	17.0		

注 1：流动式起重机、混凝土泵车、挖掘机等施工机械作业，应考虑施工机械回转半径对安全距离的影响。

注 2：变电站内邻近带电线路（含站外线路）的施工机械作业，也应注意识别施工机械回转半径引起的安全风险。

二、施工作业票

1. 选用

施工四级、五级风险作业前，应该填写输变电工程施工作业 A 票，由班组安全员、技术员审核后，项目总工签发；三级及以上风险作业，填写输变电工程施工作业 B 票，由项目部安全员、技术员审核，项目经理签发后报监理审核后实施。涉及二级风险作业的 B 票还需报业主项目部审核后实施。填写施工作业票，应明确施工作业人员分工。

2. 填写与使用

施工作业票的填写与使用应遵守下列规定。

（1）作业前，工作负责人或签发人填写施工作业票；一张施工作业票中工作负责人、签发人不得为同一人。

（2）施工作业票采用手工方式填写时，应用黑色或蓝色的钢笔或水笔填写和签发。施工作业票上的时间、工作地点、主要内容、主要风险、安全措施等关键字不得涂改。

（3）用计算机生成或打印的施工作业票应使用统一的票面格式，由施工作业票签发人审核，手工或电子签发后方可执行。

（4）施工作业票签发后，工作负责人应按照施工作业票要求，提前做好作业前的准备工作。

（5）一个工作负责人同一时间只能执行一张施工作业票。一张施工作业票可包含最多一项三级及以上风险作业和多项四级、五级风险作业，按其中最高的风险等级确定作业票种类。作业票终结以最高等级的风险作业为准，未完成的其他风险作业延续到后续作业票。

（6）一张施工作业票可用于不同地点、同一类型、依次进行的施工作业。同一张施工作业票中存在多个作业面时，应明确各作业面的安全监护人。同一张作业票对应多个风险时，应综合选用相应的预控措施。

（7）若作业人员较多、工作地点较分散，可指定专责监护人，并单独进行安全交底。

（8）对于施工单位委托的专业分包作业，可由专业分包商自行开具作业票。专业分包商需将施工作业票签发人、班组负责人、安全监护人报施工项目部备案，施工项目部培训考核合格后方可开票。

（9）对于建设单位直接委托的变电站消防工程作业、钢结构彩板安装施工作业、装配式围墙施工、图像监控等，涉及专业承包商独立完成的作业内容，由专业承包商将施工作业票签发人、班组负责人、安全监护人报监理项目部备案，监理项目部负责督促专业承包商开具作业票。

（10）不同施工单位之间存在交叉作业时，应知晓彼此的作业内容及风险，并在相关作业票中的"补充控制措施"栏，明确应采取的措施。

（11）施工作业票使用周期不得超过30天。已签发或批准的施工作业票应由工作负责人收执，签发人宜留存备份。

（12）施工作业票有破损不能继续使用时，应补填新的施工作业票，并重新履行签发手续。

第二章　保证安全的组织措施和技术措施

3. 变更

施工作业票的变更应遵守下列规定。

（1）施工周期超过一个月或一项施工作业工序已完成、重新开始同一类型其他地点的作业，应重新审查安全措施和交底。

（2）需要变更作业成员时，应经工作负责人同意，在对新的作业人员进行安全交底并履行确认签字手续后，方可进行工作。

（3）工作负责人若因故暂时离开工作现场时，应指定能胜任的人员临时代替，离开前应将工作交代清楚，并告知作业班成员。原工作负责人返回工作现场时，也应履行同样的交接手续。

（4）工作负责人允许变更一次，应经签发人同意，并在施工作业票上做好变更记录；变更后，原、现工作负责人应对工作任务和安全措施进行交接，并告知全部作业人员。

（5）变更工作负责人或增加作业任务，若施工作业票签发人无法当面办理，应通过电话联系，并在施工作业票备注栏内注明需要变更工作负责人姓名和时间或增加的作业任务。

（6）作业现场风险等级等条件发生变化，应完善措施，重新办理施工作业票。

4. 有关人员条件

有关人员条件应符合下列规定。

（1）施工作业票签发人应由熟悉人员技术水平、现场作业环境和流程、设备情况及本标准，并具有相关工作经验的工程安全技术人员担任，名单经其单位考核、批准并公布。

（2）工作负责人应由有专业工作经验、熟悉现场作业环境和流程、工作范围的人员担任，名单经施工项目部考核、批准并公布。

（3）专责监护人应由具有相关专业工作经验，熟悉现场作业情况和本标准的人员担任。

（4）专业分包单位的施工作业票签发人、工作负责人的名单经分包单位批准公布后报承包单位备案。

5. 有关人员责任

施工作业有关人员承担的责任如下所述。

（1）施工作业票签发人。

①确认施工作业的安全性。

②确认作业风险识别准确性。

③确认施工作业票所列安全措施正确完备。

④确认所派工作负责人和作业人员适当、充足。

（2）工作负责人（监护人）。

①正确组织施工作业。

②检查施工作业票所列安全措施是否正确完备，是否符合现场实际条件，必要时予以补充完善。

③施工作业前，对全体作业人员进行安全交底及危险点告知，交代安全措施和技术措施，并确认签字。

④组织执行施工作业票所列由其负责的安全措施。

⑤监督作业人员遵守本标准、正确使用劳动防护用品和安全工器具以及执行现场安全措施。

⑥关注作业人员身体状况和精神状态是否出现异常迹象，人员变动是否合适。

⑦指定现场专责监护人，对监护对象履行监护职责。

（3）专责监护人。

①明确被监护人员和监护范围。

②作业前，对被监护人员交代监护范围内的安全措施，告知危险点和安全注意事项。

③检查作业场所的安全文明施工状况，督促问题整改，监督被监护人员遵守本标准和执行现场安全措施，及时纠正被监护人员的不安全行为。

（4）作业人员。

①熟悉作业范围、内容及流程，参加作业前的安全交底，掌握并落实安全措施，知晓作业中的危险点，并在施工作业票上签字。

②服从工作负责人、专责监护人的指挥，严格遵守本标准和劳动纪律，在指定的作业范围内工作，对自己在工作中的行为负责，互相关心工作安全。

③正确使用施工机具、安全工器具和个人安全防护用品，劳动防护用品。

（5）监理人员。

①审查风险控制措施的有效性。

②对作业过程进行巡视、监督。

③及时纠正作业人员存在的不安全行为。

（6）业主项目部人员。

①开展到岗到位监督，核查四级风险作业现场的参建单位应到位人员。

②检查现场作业风险控制措施落实情况。

三、作业开工

作业开工应遵守下列规定。

（1）施工作业票签发后，工作负责人应向全体作业人员交代作业任务、作业分工、安全措施和注意事项，告知风险因素，履行签名确认手续后，方可下达开始作业的命令。工作负责人、专责监护人应始终在工作现场。其中输变电工程施工作业票 B 由监理人员现场确认安全措施，并履行签名许可手续。

（2）多日作业，工作负责人应每天检查、确认安全措施，告知作业人员安全注意事项，方可开工。

四、作业监护

作业监护应遵守下列规定。

（1）工作负责人在作业过程中监督作业人员遵守本标准和执行现场安全措施，及时纠正不安全行为。

（2）应根据现场安全条件、施工范围和作业需要，增设专责监护人，并明确其监护内容。

（3）专责监护人不得兼做其他工作，临时离开时，应通知作业人员停止作业或离开作业现场。专责监护人需长时间离开作业现场时，应由工作负责人变更专责监护人，履行变更手续，告知全体被监护人员。

五、作业间断、转移、终结

作业间断、转移、终结应遵守下列规定。

（1）遇有六级及以上风或暴雨、雷电、冰雹、大雪、大雾、沙尘暴等恶劣气候威胁到人员、设备安全时，工作负责人或专责监护人应下令停止作业。

（2）每天收工或作业间断，作业人员离开作业地点前，应做好安全防护措施，必要时派人看守，防止人、畜接近挖好的基坑等危险场所，恢复作业前应检查确认安全保护措施完好。

（3）使用同一张施工作业票依次在不同作业地点转移作业时，应重新识别评估风险，完善安全措施，并重新履行交底手续。

（4）作业完成后，应清扫整理作业现场，工作负责人应检查作业地点状况，落实现场安全防护措施，并向施工作业票签发人汇报。

（5）施工作业票应保存至工程项目竣工。

第二节 改、扩建工程中的组织措施和技术措施

一、一般规定

1. 基本要求

（1）变电站改、扩建工程中应严格执行《国家电网公司电力安全工作规程 变电部分》的相关规定，在运行区内作业应办理工作票。

（2）开工前，施工单位应编制施工区域与运行部分的物理和电气隔离方案，并经设备运维单位会审确认。

（3）施工电源采用临时施工电源的按《安规》规定执行，当使用站内检修电源时，应经设备运维单位批准后在指定的动力箱内引出，不得随意变动。

2. 运行区域设备不停电时的安全距离

无论高压设备是否带电，作业人员不得单独移开或越过遮栏进行作业；若有必要移开遮栏时，应得到运行单位同意，并有运行单位的监护人在场，并符合表2-2规定的安全距离。

表2-2 设备不停电时的安全距离

电压等级（kV）	安全距离（m）	电压等级（kV）	安全距离（m）
10及以下（13.8）	0.70	±50及以下	1.50
20、35	1.00	±400	5.90
66、110	1.50	±500	6.00
220	3.00	±660	8.40
330	4.00	±800	9.30
500	5.00		
750	7.20		
1000	8.70		

注1：±400kV数据是按海拔3000m校正的，海拔4000m时安全距离为6.00m。

注2：750kV数据是按海拔2000m校正的，其他等级数据按海拔1000m校正。

注3：表2-2未列电压等级按高一档电压等级的安全距离执行。

第二章　保证安全的组织措施和技术措施

3. 工作票

（1）工作票负责人和工作票签发人应经过设备运维单位或由设备运维单位确认的其他单位培训合格，并报设备运维单位备案。

（2）下列情况应填用变电站第一种工作票：

①需要高压设备全部停电、部分停电或做安全措施的工作。

②在高压设备继电保护、安全自动装置和仪表、自动化监控系统等及其二次回路上工作，需将高压设备停电或做安全措施者。

③通信系统同继电保护、安全自动装置等复用通道（包括载波、微波、光纤通道等）的检修、联动试验需将高压设备停电或做安全措施者。

④在经继电保护出口跳闸的相关回路上工作，需将高压设备停电或做安全措施者。

（3）下列情况应填用变电站第二种工作票：

①在高压设备区域工作，不需要将高压设备停电或者做安全措施的工作。

②继电保护装置、安全自动装置、自动化监控系统在运行中改变装置原有定值时不影响一次设备正常运行的工作。

③对于连接电流互感器或电压互感器二次绕组并装在屏柜上的继电保护、安全自动装置上的工作，可以不停用所保护的高压设备或不需做安全措施。

④在继电保护、安全自动装置、自动化监控系统等及其二次回路，以及在通信复用通道设备上检修及试验工作，可以不停用高压设备或不需做安全措施。

（4）工作票由设备运维单位签发，也可由设备运维单位和施工单位签发人实行双签发，具体签发程序按照安全协议要求执行。

4. 运行区域运输作业安全距离

进入改、扩建工程运行区域的交通通道应设置安全标志，站内运输的，其安全距离应满足表2-3的规定。

表2-3　车辆（包括装载物）外廓至无围（遮）栏带电部分之间的安全距离

交流电压等级（kV）	安全距离（m）	直流电压等级（kV）	安全距离（m）
10及以下	0.95	±50及以下	1.65
20	1.05	±400	5.45

续表

交流电压等级（kV）	安全距离（m）	直流电压等级（kV）	安全距离（m）
35	1.15	±500	5.60
66	1.40	±660	8.00
110	1.65（1.75）	±800	9.00
220	2.55		
330	3.25		
500	4.55		
750	6.70		
1000	8.25		

注1：括号内数字为110kV中性点不接地系统所使用。

注2：±400kV数据按海拔3000m校正，海拔4000m时安全距离为5.55m，海拔1000m时安全距离为5.00m；750kV数据按海拔2000m校正，其他电压等级数据按海拔1000m校正。

注3：表2-3未列电压等级按高一档电压等级的安全距离执行。

注4：表2-3数据不适用带升降操作功能的机械运输。

二、电气设备全部或部分停电作业安全技术措施

1. 断开电源

（1）需停电进行作业的电气设备，应把各方面的电源完全断开，其中：

①在断开电源的基础上，应拉开隔离开关，使各方面至少有一个明显的断开点。若无法观察到停电设备的断开点，应有能够反映设备运行状态的电气和机械等指示。

②与停电设备有电气联系的变压器和电压互感器，应将设备各侧断开，防止向停电设备倒送电。

（2）检修设备和可能来电侧的断路器、隔离开关应断开控制电源和合闸能源，隔离开关操作把手应锁住，确保不会误送电。

（3）对难以做到与电源完全断开的检修设备，可以拆除设备与电源之间的电气连接。

2. 验电及接地

（1）在停电的设备或母线上作业前，应检验确无电压后方可装设接地线，装好接地线后方可进行作业。

（2）验电与接地应由两人进行，其中一人应为监护人。进行高压验电应

戴绝缘手套、穿绝缘鞋。验电器的伸缩式绝缘棒长度应拉足，验电时手应握在手柄处，不得超过护环。

（3）验电时，应使用相应电压等级且检验合格的接触式验电器。验电前进行验电器自检，且应在确知的同一电压等级带电体上试验，确认验电器良好后方可使用。验电应在装设接地线或合接地刀闸处对各相分别进行。

（4）表示设备断开和允许进入间隔的信号及电压表的指示等，均不得作为设备有无电压的根据，应验电。如果指示有电，禁止在该设备上作业。

（5）对停电设备验明确无电压后，应立即将设备接地并三相短路。凡可能送电至停电设备的各部位均应装设接地线或合上专用接地开关。在停电母线上作业时，应将接地线尽量装在靠近电源进线处的母线上，必要时可装设两组接地线，并做好登记。接地线应明显，并与带电设备保持安全距离。

（6）电缆及电容器接地前应逐相充分放电，星形接线电容器的中性点应接地，串联电容器及与整组电容器脱离的电容器应逐个多次放电，装在绝缘支架上的电容器外壳也应放电。

（7）成套接地线应由有透明护套的多股软铜线和专用线夹组成，截面积应满足装设地点短路电流的要求，但不得小于 25mm^2。

（8）禁止使用不符合规定的导线做接地线或短路线，接地线应使用专用的线夹固定在导体上，禁止用缠绕的方法进行接地或短路。装拆接地线应使用绝缘棒，戴绝缘手套。挂接地线时应先接接地端，再接设备端，拆接地线时顺序相反。

（9）作业人员不应擅自移动或拆除接地线。装、拆接地线导体端均应使用绝缘棒和戴绝缘手套，人体不得碰触接地线或未接地的导线。带接地线拆设备接头时，应采取防止接地线脱落的措施。

（10）对需要拆除全部或一部分接地线后才能进行的作业，应征得运维人员的许可，作业完毕后立即恢复。未拆除期间不得进行相关的高压回路作业。

3. 悬挂标志牌和装设围栏

（1）在一经合闸即可送电到作业地点的断路器和隔离开关的操作把手、二次设备上均应悬挂"禁止合闸，有人工作！"的安全标志牌。

（2）在室内高压设备上或某一间隔内作业时，在作业地点两旁及对面的间隔上均应设围栏并悬挂"止步，高压危险！"的安全标志牌。

（3）在室外高压设备上作业时，应在作业地点的四周设围栏，其出入口要围至邻近道路旁边,并设有"从此进出!"的安全标志牌,作业地点四周围栏上悬挂适当数量的"止步,高压危险!"的安全标志牌,标志牌应朝向围栏里面。若室外的大部分设备停电,只有个别地点保留有带电设备,其他设备无触及带电导体的可能时,可以在带电设备四周装设全封闭围栏,围栏上悬挂适当数量的"止步,高压危险!"的安全标志牌,标志牌应朝向围栏外面。

(4)在作业地点悬挂"在此工作!"的安全标志牌。

(5)在室外构架上作业时,应设专人监护,在作业人员上下的梯子上,应悬挂"从此上下!"的安全标志牌。在邻近可能误登的构架上应悬挂"禁止攀登,高压危险!"的安全标志牌。

(6)设置的围栏应醒目、牢固。禁止任意移动或拆除围栏、接地线、安全标志牌及其他安全防护设施。因作业原因需短时移动或拆除围栏或安全标志牌时,应征得工作许可人同意,并在作业负责人的监护下进行。完毕后应立即恢复。

(7)安全标志牌、围栏等防护设施的设置应正确、及时,作业完毕后应及时拆除。

4. 工作结束

(1)全部工作结束后,应清扫、整理现场。工作负责人应先周密检查,待全部作业人员撤离工作地点后,再向运维人员交代工作情况,并与运维人员共同检查现场确认符合规定,办理工作票终结手续。

(2)接地线一经拆除,设备即应视为有电,禁止再去接触或进行作业。

(3)禁止采用预约停送电时间的方式在设备或母线上进行任何作业。

第三章
作业安全风险辨识评估与控制

第一节 概　述

本节依据国家电网有限公司发布的《输变电工程建设施工安全风险管理规程》和《国家电网有限公司作业安全风险管控工作规定》，阐述作业项目安全风险控制的职责与分工、分级管理、计划管理、评估定级、管控措施制定、审查会商、风险公示告知、现场风险管控、评价考核等要求，以对作业安全风险实施超前分析和流程化控制，形成"流程规范、措施明确、责任落实、可控在控"的安全风险管控机制。

一、基本要求

（1）坚持安全发展理念，贯彻落实"安全第一、预防为主、综合治理"的安全工作方针，规范国家电网有限公司（以下简称"公司"）输变电工程建设施工安全风险过程管理。

（2）按照初步识别、复测评估、先降后控、分级管控的原则，对输变电工程建设施工安全风险进行管理。

（3）施工单位是输变电工程建设施工安全风险管理的责任主体，建设、监理单位履行安全风险管理监管责任，工程建设应全面执行输变电工程建设施工安全风险管理流程，保证风险始终处于可控、在控状态。

二、施工安全风险等级

（1）对输变电工程建设施工安全风险采用半定量 LEC 安全风险评价法，根据评价后风险值的大小及所对应的风险危害程度，将风险从大到小分为五级，一到五级分别对应：极高风险、高度风险、显著风险、一般风险、稍有风险。

①一级风险（极高风险）指作业过程存在极高的安全风险，即使加以控制仍可能发生群死群伤事故，或五级电网事件的施工作业。一级风险乃计算所得数值，实际作业必须通过改变作业组织或采取特殊手段将风险等级降为二级以下风险，否则不得作业。

②二级风险（高度风险）指作业过程存在很高的安全风险，不加控制容易发生人身死亡事故，或者可能发生六级电网事件的施工作业。

③三级风险（显著风险）指作业过程存在较高的安全风险，不加控制可能发生人身重伤或死亡事故，或者可能发生七级电网事件的施工作业。

④四级风险（一般风险）指作业过程存在一定的安全风险，不加控制可能发生人身轻伤事故的施工作业。

⑤五级风险（稍有风险）指作业过程存在较低的安全风险，不加控制可能发生轻伤及以下事件的施工作业。

（2）采用与系统风险率相关的三方面指标值之积来评价系统中人员伤亡风险大小的方法，这种方法为 LEC 法。三方面指标值分别是：L 为发生事故的可能性大小；E 为暴露在危险环境中的频繁程度；C 为发生事故的严重性。

①L 为发生事故的可能性大小。当用概率来表示事故发生的可能性大小时，绝对不可能发生的事故概率为 0；必然发生的事故概率为 1。然而，从系统安全角度考察，绝对不发生事故是不可能的，所以人为地将发生事故的可能性极小的分数定为 0.1，而必然发生的事故分数定为 10，各种情况的分数如表 3-1 所示。

表 3-1　事故发生的可能性（L）

事故发生的可能性（发生的概率）	分数值
完全可能预料（100% 可能）	10
相当可能（50% 可能）	6
可能，但不经常（25% 可能）	3

续表

事故发生的可能性（发生的概率）	分数值
可能性小，完全意外（10%可能）	1
很不可能，可以设想（1%可能）	0.5
极不可能（小于1%可能）	0.1

②E为暴露在危险环境中的频繁程度。人员出现在危险环境中的次数越多，则危险性越大。将连续出现在危险环境的情况定为10，非常罕见地出现在危险环境中定为0.5，介于两者之间的各种情况规定若干个中间值，如表3-2所示。

表3-2　暴露于危险环境中的频度（E）

暴露频度	分数值
连续（每天多次）	10
频繁（每天一次）	6
有时（每天一次~每月一次）	3
较少（每月一次~每年一次）	2
很少（50年一遇）	1
特少（100年一遇）	0.5

③C为发生事故的严重性。事故所造成的人身伤害或电网损失的变化范围很大，所以规定分数值为1~100，将仅需要救护的伤害及设备或电网异常运行的分数定为1，将造成重大及以上人身、设备、电网事故的分数定为100，其他情况的数值定为1~100之间，如表3-3所示。

表3-3　发生事故的严重性（C）

分数值	后果	
	人身	电网设备
100	可能造成特大人身死亡事故者	可能造成特大设备事故者；可能引起特大电网事故者
40	可能造成重大人身死亡事故者	可能造成重大设备事故者；可能引起重大电网事故者

续表

分数值	后果	
	人身	电网设备
15	可能造成一般人身死亡事故或多人重伤者	可能造成一般设备事故者；可能引起一般电网事故者
7	可能造成人员重伤事故或多人轻伤事故者	可能造成设备一类障碍者；可能造成电网一类障碍者
3	可能造成人员轻伤事故者	可能造成设备二类障碍者；可能造成电网二类障碍者
1	仅需要救护的伤害	可能造成设备或电网异常运行

④风险值 D 计算出后，关键是如何确定风险级别的界限值，而这个界限值并不是长期固定不变。在不同时期，企业应根据其具体情况来确定风险级别的界限值。表 3-4 可作为确定风险程度的风险值界限的参考标准。

表 3-4　风险程度与风险值的对应关系

风险程度	风险值
重大风险	$D \geq 160$
较大风险	$70 \leq D < 160$
一般风险	$D < 70$

（3）LEC 风险评价法是根据工程施工现场情况和管理特点对危险等级的划分，有一定局限性，应根据实际情况予以判别修正。

（4）施工现场出现风险基本等级表中未收集的风险作业，施工项目部应按照 LEC 风险评价法进行评价，并经监理项目部审核确定风险等级，向业主项目部报备。

（5）按照《住房城乡建设部办公厅关于实施〈危险性较大的分部分项工程安全管理规定〉有关问题的通知》（建办质〔2018〕31 号），原则上将"危险性较大的分部分项工程范围"内的作业设定为三级风险，将"超过一定规模的危险性较大的分部分项工程范围"的作业设定为二级风险。

（6）为了便于现场识别风险，对于输变电工程建设常见的风险作业按一般作业环境和条件选择。实际使用时，应按附录 C 进行复测，重新评估风险等级，不可直接使用。

（7）附录 D 中的风险作业，当采用先进有效的机械化或智能化技术施工时，风险等级可降低一级管控；临近带电作业，当采取停电措施，作业风险等级可降低一级管控。

（8）附录 D 中的风险作业，当作业方法和要求发生变化时，应根据实际情况调整风险作业内容，并重新评估风险等级。

第二节　作业安全风险辨识与控制

一、施工安全风险识别、评估

（1）设计单位在施工图阶段，编制三级及以上重大风险作业清单。在施工图交底前，由总监理工程师协助建设单位组织参建单位进行现场勘察核实；在施工图会审时，参建单位审查设计单位提供的三级及以上重大风险清单。

（2）工程开工前，施工项目部按附录 E 组织现场初勘。

（3）施工项目部根据风险初勘结果、项目设计交底以及审查后的三级及以上重大风险清单，识别出与本工程相关的所有风险作业并进行评估，确定风险实施计划安排，按附录 F 形成风险识别、评估清册，报监理项目部审核。

二、施工安全风险复测

（1）施工项目部根据风险作业计划，提前开展施工安全风险复测。

（2）作业风险复测前，按照附录 H 检查落实安全施工作业必备条件是否满足要求，不满足要求的整改后方可开展后续工作。

（3）施工项目部根据工程进度，对即将开始的作业风险按照附录 D 提前开展复测。重点关注地形、地貌、土质、气候、交通、周边环境、临边、临近带电体或跨越等情况，初步确定现场施工布置形式、可采用的施工方法，将复测结果和采取的安全措施填入施工作业票，作为作业票执行过程中的补充措施。

（4）复测时必须对风险控制关键因素进行判断，以确定复测后的风险等级。

（5）现场实际风险作业过程中，发现必备条件和风险控制关键因素发生明显变化时，驻队监理应立即要求停止作业，并将变化情况报监理项目部判别后，建设单位确定风险升级，按照新的风险级别进行管控。

三、风险作业计划

（1）作业开展前一周，施工项目部根据风险复测结果将三级及以上风险作业计划报监理、业主项目部及本单位；业主项目部收到风险作业计划后报上级主管单位。

（2）建设单位收到风险信息，与现场实际情况复核后报上级基建管理部门。二级风险作业由建设单位发布预警，风险作业完成后，解除预警。

（3）各参建单位收到三级及以上风险信息后，按照安全风险管理人员到岗到位要求制定计划并落实。

四、风险作业过程管控

（1）禁止未开具施工作业票开展风险作业。

（2）风险作业前一天，作业班组负责人按附录G开具风险作业对应的施工作业票，并履行审核签发程序，同步将三级及以上风险作业许可情况备案。

（3）当在防火重点部位或场所以及禁止明火区动火作业，应办理输变电工程动火作业票，与施工作业票配套使用。

（4）风险作业开始实施前，作业班组负责人必须召开站班会，宣读作业票进行交底。

（5）风险作业开始后、每日作业前，作业班组负责人应按照附表G对当日风险进行复核，检查作业必备条件及当日控制措施落实情况，召开站班会对风险作业进行"三交三查"后方可开展作业。

（6）站班会应全程录音并存档，参与作业的人员进行全员签名。

（7）风险作业过程中，作业人员应严格执行风险控制措施，遵守现场安全作业规章制度和作业规程，服从管理，正确使用安全工器具和个人安全防护用品，确保安全。在风险控制措施不到位的情况下，作业人员有权指出、上报，并拒绝作业。

（8）风险作业过程中，作业班组安全员及安全监护人员必须专职从事安全管理或监护工作，不得从事其他作业。

（9）风险作业过程中，作业班组负责人在作业时全程进行风险控制。同时应依据现场实际情况，及时向施工项目部提出变更风险级别的建议。

（10）风险作业过程中，如遇突发风险等特殊情况，任何人均应立即停止作业。

（11）风险作业过程中，各级管理人员按要求履行风险管控职责。

（12）三级及以上风险应实施远程视频监控，由各级风险值班管控人员进行监督。各单位同时采用"四不两直"形式进行检查监督。

（13）每日作业结束后，作业班组负责人向施工项目部报告安全管理情况。

（14）风险作业完成后，作业班组负责人终结施工作业票并上报施工项目部，同时更新风险作业计划。

五、施工作业票管理

施工作业票管理应符合公司标准 Q/GDW 11957（所有部分）的规定。有关内容已在第二章第一节"施工作业票"中介绍，此处不再赘述。

六、风险公示

风险作业场所应按照 Q/GDW 10250 设置三级及以上施工现场风险管控公示牌。

第四章

隐患排查治理

第一节 概　述

隐患排查治理应树立"隐患就是事故"的理念，坚持"谁主管、谁负责"和"全面排查、分级管理、闭环管控"的原则，逐级建立排查标准，实行分级管理，做到全过程闭环管控。

一、定义与分级分类

安全隐患，指在生产经营活动中，违反国家和电力行业安全生产法律法规、规程标准以及公司安全生产规章制度，或因其他因素可能导致安全事故（事件）发生的物的不安全状态、人的不安全行为、场所的不安全因素和安全管理方面的缺失等。

（一）根据隐患的危害程度，隐患的分类

根据隐患的危害程度，隐患分为重大隐患、较大隐患、一般隐患三个等级。

（1）重大隐患主要包括可能导致以下后果的安全隐患。

①一至三级人身事件。

②一至四级电网、设备事件。

③五级信息系统事件。

④水电站大坝溃决、漫坝、水淹厂房事件。

⑤较大及以上火灾事故。

⑥违反国家、行业安全生产法律法规的管理问题。

（2）较大隐患主要包括可能导致以下后果的安全隐患。

①四级人身事件。

②五至六级电网、设备事件。

③六至七级信息系统事件。

④一般火灾事故。

⑤其他对社会及公司造成较大影响的事件。

⑥违反省级地方性安全生产法规和公司安全生产管理规定的管理问题。

（3）一般隐患主要包括可能导致以下后果的安全隐患。

①五级人身事件。

②七至八级电网、设备事件。

③八级信息系统事件。

④违反省公司安全生产管理规定的管理问题。

上述人身、电网、设备和信息系统事件，依据《国家电网有限公司安全事故调查规程》（国家电网安监〔2020〕820号）认定。火灾事故等依据国家有关规定认定。

（二）根据隐患产生原因和导致事故（事件）类型，隐患的分类

根据隐患产生原因和导致事故（事件）类型，隐患分为系统运行、设备设施、人身安全、网络安全、消防安全、水电及新能源、危险化学品、电化学储能、特种设备、通用航空、安全管理和其他等十二类。

二、职责分工

（1）安全隐患所在单位是隐患排查、治理和防控的责任主体。各级单位主要负责人对本单位隐患排查治理工作负全面领导责任，分管负责人对分管业务范围内的隐患排查治理工作负直接领导责任。

（2）各级安全生产委员会负责建立健全本单位隐患排查治理规章制度，组织实施隐患排查治理工作，协调解决隐患排查治理重大问题、重要事项，提供资源保障并监督治理措施落实。

（3）各级安委办负责隐患排查治理工作的综合协调和监督管理，组织安委会成员部门编制、修订隐患排查标准，对隐患排查治理工作进行监督检查和评价考核。

（4）各级安委会成员部门按照"管业务必须管安全"的原则，负责专业范围内隐患排查治理工作。各级设备（运检）、调度、建设、营销、互联网、产业、水新、后勤等部门负责本专业隐患标准编制、排查组织、评估认定、治理实施和检查验收工作；各级发展、财务、物资等部门负责隐患治理所需的项目、资金和物资等投入保障。

（5）各级从业人员负责管辖范围内安全隐患的排查、登记、报告，按照职责分工实施防控治理。

（6）各级单位将生产经营项目或工程项目发包、场所出租的，应与承包、承租单位签订安全生产管理协议，并在协议中明确各方对安全隐患排查、治理和管控的管理职责；对承包、承租单位隐患排查治理进行统一协调和监督管理，定期进行检查，发现问题及时督促整改。

第二节　隐患标准及隐患排查

一、隐患标准

（1）公司总部以及省、市公司级单位应分级分类建立隐患排查标准，明确隐患排查内容、排查方法和判定依据，指导从业人员准确判定、及时整改安全隐患。

（2）隐患排查标准编制应依据安全生产法律法规和规章制度，结合公司反事故措施和安全事故（事件）暴露的典型问题，确保内容具体、依据准确、责任明确。

（3）隐患排查标准编制应坚持"谁主管、谁编制""分级编制、逐级审查"的原则，各级安委办负责制定隐患排查标准编制规范，各级专业部门负责本专业排查标准编制。

①公司总部组织编制重大隐患标准和较大隐患通用标准，并对下级单位较大隐患标准进行指导审查。

②省公司级单位补充完善较大隐患排查标准，组织编制一般隐患通用标准，并对下级单位一般隐患标准进行指导审查。

③地市公司级单位补充完善一般隐患排查标准，形成覆盖各专业、各等

级的安全隐患排查标准。

（4）各专业隐患排查标准编制完成后，由本单位安委办负责汇总、审查，经本单位安委会审议后，以正式文件发布。

（5）各级专业部门应将隐患排查标准纳入安全培训计划，逐级开展培训，指导从业人员准确掌握隐患排查内容、排查方法，提高全员隐患排查发现能力。

（6）隐患排查标准实行动态管理，各级单位应每年对隐患排查标准的针对性、有效性进行评估，结合安全生产法律法规、规章制度"立改废释"，以及安全事故（事件）暴露的问题滚动修订，每年3月底前更新发布。

二、隐患排查

（1）各级单位应在每年6月底前，对照隐患排查标准，组织开展一次涵盖安全生产各领域、各专业、各环节的安全隐患全面排查。各级专业部门应加强本专业隐患排查工作指导，对于专业性较强、复杂程度较高的隐患必要时组织专业技术人员或专家开展诊断分析。

（2）针对排查发现的安全隐患，隐患所在工区、班组应依据隐患排查标准进行初步评估定级，利用公司安全隐患管理信息系统建立档案，形成本工区、班组安全隐患数据库，并汇总上报至相关专业部门。

（3）各相关专业部门收到安全隐患报送信息后，应对照安全隐患排查标准，组织对本专业安全隐患进行专业审查，评估认定隐患等级，形成本专业安全隐患数据库。一般隐患由县公司级单位评估认定，较大隐患由市公司级单位评估认定，重大隐患由省公司级单位评估认定。

（4）各级安委办对各专业安全隐患数据库进行汇总、复核，经本单位安委会审议后，报上级单位审查。

①市公司级单位安委会审议基层单位和本级排查发现的安全隐患，对一般隐患审议后反馈至隐患所在单位，对较大及以上隐患报省公司级单位审查。

②省公司级单位安委会审议地市公司级单位和本级排查发现的安全隐患，对较大隐患审议后反馈至隐患所在单位，对重大隐患报公司总部审查。

③公司总部安委会审议省公司级单位和本级排查发现的安全隐患，对重大隐患审议后反馈至隐患所在单位。

（5）对于6月份全面排查周期结束后出现的隐患，各单位应结合日常巡视、季节性检查等，开展常态化排查。

（6）对于国家、行业及地方政府部署开展的安全生产专项行动，各单位应在现行隐患排查标准的基础上，补充相关排查条款，开展针对性排查。

（7）对于公司系统安全事故（事件）暴露的典型问题和家族性隐患，各单位应举一反三开展事故类比排查。

（8）各单位应在上半年全面排查和逐级审查基础上，分层分级建立本单位安全隐患数据库，并结合日常排查、专项排查和事故类比排查滚动更新。

第三节　隐患治理及重大隐患管理

一、隐患治理

（1）隐患一经确定，隐患所在单位应立即采取防止隐患发展的安全控制措施，并根据隐患具体情况和紧急程度，制定治理计划，明确治理单位、责任人和完成时限，限期完成治理，做到责任、措施、资金、期限和应急预案"五落实"。

（2）各级专业部门负责组织制定本专业隐患治理方案或措施，重大隐患由省公司级单位制定治理方案，较大隐患由市公司级单位制定治理方案或治理措施，一般隐患由县公司级单位制定治理措施。

（3）各级安委会应及时协调解决隐患治理有关事项，对需要多专业协同治理的明确治理责任、措施和资金，对于需要地方政府部门协调解决的应及时报告政府有关部门，对于超出本单位治理能力的应及时报送上级单位协调治理。

（4）各级单位应将隐患治理所需项目、资金作为项目储备的重要依据，纳入综合计划和预算优先安排。公司总部及省、地市公司级单位应建立隐患治理绿色通道，对计划和预算外急需实施治理的隐患，及时调剂和保障所需资金和物资。

（5）隐患所在单位应结合电网规划、电网建设、技改大修、检修运维、规章制度"立改废释"等及时开展隐患治理，各专业部门应加强专业指导和督导检查。

（6）对于重大隐患治理完成前或治理过程中无法保证安全的，应从危险区域内撤出相关人员，设置警示标志，暂时停工停产或停止使用相关设备设施，并及时向政府有关部门报告；治理完成并验收合格后方可恢复生产和使用。

（7）对于因自然灾害可能引发事故灾难的隐患，所属单位应当按照有关规定进行排查治理，采取可靠的预防措施，制定应急预案。接到有关自然灾害预报时，应当及时发出预警通知；发生自然灾害可能危及人员安全的情况时，应当采取停止作业、撤离人员、加强监测等安全措施。

（8）各级安委办应开展隐患治理挂牌督办，公司总部挂牌督办重大隐患，省公司级单位挂牌督办较大隐患，市公司级单位挂牌督办治理难度大、周期长的一般隐患。

（9）隐患治理完成后，隐患治理单位在自验合格的基础上提出验收申请，相关专业部门应在申请提出后一周内完成验收，验收合格报本单位安委办予以销号，不合格重新组织治理。

①重大隐患治理结果由省公司级单位组织验收，结果向国网安委办和相关专业部门报告。

②较大隐患治理结果由地市公司级单位组织验收，结果向省公司安委办和相关专业部门报告。

③一般隐患治理结果由县公司级单位组织验收，结果向地市公司级安委办和相关专业部门报告。

④涉及国家、行业监管部门、地方政府挂牌督办的重大隐患，在治理工作结束后，应及时将有关情况报告相关政府部门。

（10）各级安委办应组织相关专业部门定期向安委会汇报隐患治理情况，对于共性问题和突出隐患，深入分析隐患成因，从管理和技术角度制定防范措施，从源头抑制隐患增量。

（11）各级单位应运用安全隐患管理信息系统，实现隐患排查治理工作全过程记录和"一患一档"管理。重大隐患相关文件资料应及时向本单位档案管理部门移交归档。

隐患档案应包括以下信息：隐患简题、隐患内容、隐患编号、隐患所在单位、专业分类、归属职能部门、评估定级、治理期限、资金落实、治理完成情况等。隐患排查治理过程中形成的会议纪要、正式文件、治理方案、应急预案、验收报告等应归入隐患档案。

（12）各级单位应将隐患排查治理情况如实记录，并通过职工大会或者职工代表大会、信息公示栏等方式向从业人员通报。各级单位应在月度安全生产会议上通报本单位隐患排查治理情况，各班组应在安全日活动上通报本班组隐患排查治理情况。

（13）各级单位应建立隐患季度分析、年度总结制度，各级专业部门应定期向本级安委办报送专业隐患排查治理工作，省公司级安委办每季度末月20日前向公司总部报送季度工作总结，次年1月5日前通过公文报送上年度工作总结。

（14）各级安委办按规定向国家能源局及其派出机构、地方政府有关部门报告安全隐患统计信息和工作总结。各级单位应做好沟通协调，确保报送数据的准确性和一致性。

二、重大隐患管理

（1）重大隐患应执行即时报告制度，各单位评估为重大隐患的，应于2个工作日内报总部相关专业部门及国网安委办，并向所在地区政府安全监管部门和电力安全监管机构报告。

重大隐患报告内容应包括：隐患的现状及其产生原因；隐患的危害程度和整改难易程度分析；隐患的治理方案。

（2）重大隐患应制定治理方案。

重大隐患治理方案应包括：治理目标和任务；采取的方法和措施；经费和物资的落实；负责治理的机构和人员；治理时限和要求；防止隐患进一步发展的安全措施和应急预案等。

（3）重大隐患治理应执行"两单一表"（签发督办单—制定管控表—上报反馈单）制度，实现闭环监管。

①签发安全督办单。国网安委办获知或直接发现所属单位存在重大隐患的，由安委办主任或副主任签发"安全督办单"，对省公司级单位整改工作进行全程督导。

②制定过程管控表。省公司级单位在接到督办单10日内，编制"安全整改过程管控表"，明确整改措施、责任单位（部门）和计划节点，由安委会主任签字、盖章后报国网安委办备案，国网安委办按照计划节点进行督导。

③上报整改反馈单。省公司级单位完成整改后 5 日内，填写"安全整改反馈单"，并附佐证材料，由安委会主任签字、盖章后报国网安委办备案。

　　（4）各级单位重大隐患排查治理情况应及时向政府负有安全生产监督管理职责的部门和本单位职工大会或职工代表大会报告。

第五章
生产现场的安全设施

安全设施是指在生产现场经营活动中将危险因素、有害因素控制在安全范围内，以及预防、减少、消除危害所设置的安全标志、设备标志、安全警示线、安全防护设施等的统称。变电站内生产活动所涉及的场所、设备（设施）、检修施工等特定区域以及其他有必要提醒人们注意危险有害因素的地点，应配置标准化的安全设施。

安全设施的配置要求如下所述。

（1）安全设施应清晰醒目、规范统一、安装可靠、便于维护，适应使用环境要求。

（2）安全设施所用的颜色应符合 GB 2893《安全色》的规定。

（3）变电设备（设施）本体或附近醒目位置应装设设备标志牌，涂刷相色标志或装设相位标志牌。

（4）变电站设备区与其他功能区、运行设备区与改（扩）建施工区之间应装设区域隔离遮栏。不同电压等级设备区宜装设区域隔离遮栏。

（5）生产场所安装的固定遮栏应牢固，工作人员出入的门等活动部分应加锁。

（6）变电站入口应设置减速线，变电站内适当位置应设置限高、限速标志。设置标志应易于观察。

（7）变电站内地面应标注设备巡视路线和通道边缘警戒线。

（8）安全设施设置后，不应构成对人身伤害、设备安全的潜在风险或妨碍正常工作。

第五章 生产现场的安全设施

第一节 安全标志

安全标志是指用来表达特定安全信息的标志,由图形符号、安全色、几何形状(边框)和文字构成。安全标志分禁止标志、警告标志、指令标志、提示标志四大基本类型和消防安全标志等特定类型。

一、一般规定

(1)变电站设置的安全标志包括禁止标志、警告标志、指令标志、提示标志四种基本类型和消防安全标志、道路交通标志等特定类型。

(2)安全标志一般使用相应的通用图形标志和文字辅助标志的组合标志。

(3)安全标志一般采用标志牌的形式,宜使用衬边,以使安全标志与周围环境之间形成较为强烈的对比。

(4)安全标志所用的颜色、图形符号、几何形状、文字,标志牌的材质、表面质量、衬边及型号选用、设置高度、使用要求应符合 GB 2894《安全标志及其使用导则》的规定。

(5)安全标志牌应设在与安全有关场所的醒目位置,便于进入变电站的人们看到,并有足够的时间来注意它所表达的内容。环境信息标志宜设在有关场所的入口处和醒目处;局部环境信息应设在所涉及的相应危险地点或设备(部件)的醒目处。

(6)安全标志牌不宜设在可移动的物体上,以免标志牌随母体物体相应移动,影响认读。标志牌前不得放置妨碍认读的障碍物。

(7)多个标志在一起设置时,应按照警告、禁止、指令、提示类型的顺序,先左后右、先上后下地排列,且应避免出现相互矛盾、重复的现象。也可以根据实际,使用多重标志。

(8)安全标志牌应定期检查,如发现破损、变形、褪色等不符合要求时,应及时修整或更换。修整或更换时,应有临时的标志替换,以避免发生意外伤害。

(9)变电站入口,应根据站内通道、设备、电压等级等具体情况,在醒目位置按配置规范设置相应的安全标志牌。如"当心触电""未经许可不得入内""禁止吸烟""必须戴安全帽"等,并应设立限速的标识(装置)。

（10）设备区入口，应根据通道、设备、电压等级等具体情况，在醒目位置按配置规范设置相应的安全标志牌。如"当心触电""未经许可不得入内""禁止吸烟""必须戴安全帽"及安全距离等，并应设立限速、限高的标识（装置）。

（11）各设备间入口，应根据内部设备、电压等级等具体情况，在醒目位置按配置规范设置相应的安全标志牌。如主控制室、继电器室、通信室、自动装置室应配置"未经许可不得入内""禁止烟火"；继电器室、自动装置室应配置"禁止使用无线通信"；高压配电装置室应配置"未经许可不得入内""禁止烟火"；GIS组合电器室、SF_6设备室、电缆夹层应配置"禁止烟火""注意通风""必须戴安全帽"等。

二、禁止标志及设置规范

禁止标志是指禁止或制止人们不安全行为的图形标志。常用禁止标志名称、图形标志示例及设置规范见表5-1。

表5-1　常用禁止标志名称、图形标志示例及设置规范

序号	名称	图形标志示例	设置范围和地点
1	禁止吸烟	禁止吸烟	设备区入口、主控制室、继电器室、通信室、自动装置室、变压器室、配电装置室、电缆夹层、隧道入口、危险品存放点等处
2	禁止烟火	禁止烟火	主控制室、继电器室、蓄电池室、通信室、自动装置室、变压器室、配电装置室、检修、试验工作场所、电缆夹层、隧道入口、危险品存放点等处
3	禁止用水灭火	禁止用水灭火	变压器室、配电装置室、继电器室、通信室、自动装置室等处（有隔离油源设施的室内油浸设备除外）
4	禁止跨越	禁止跨越	不允许跨越的深坑（沟）等危险场所、安全遮栏等处

第五章　生产现场的安全设施

续表

序号	名称	图形标志示例	设置范围和地点
5	禁止停留		对人员有直接危害的场所，如高处作业现场、吊装作业现场等处
6	未经许可不得入内		易造成事故或对人员有伤害的场所的入口处，如高压设备室入口、消防泵室、雨淋阀室等处
7	禁止堆放		消防器材存放处、消防通道、逃生通道及变电站主通道、安全通道等处
8	禁止使用无线通信		继电器室、自动装置室等处
9	禁止合闸有人工作		一经合闸即可送电到施工设备的断路器（开关）和隔离开关（刀闸）操作把手上等处
10	禁止合闸线路有人工作		线路断路器（开关）和隔离开关（刀闸）把手上
11	禁止分闸		接地刀闸与检修设备之间的断路器（开关）操作把手上

续表

序号	名称	图形标志示例	设置范围和地点
12	禁止攀登 高压危险	(禁止攀登 高压危险)	高压配电装置构架的爬梯上，变压器、电抗器等设备的爬梯上

三、警告标志及设置规范

警告标志是指提醒人们注意周围环境，避免可能发生危险的图形标志。常用警告标志名称、图形标志示例及设置规范见表 5-2。

表 5-2　常用警告标志、图形标志示例及设置规范

序号	名称	图形标志示例	设置范围和地点
1	注意安全	(注意安全)	易造成人员伤害的场所及设备等处
2	注意通风	(注意通风)	SF_6 装置室、蓄电池室、电缆夹层、电缆隧道入口等处
3	当心火灾	(当心火灾)	易发生火灾的危险场所，如电气检修试验、焊接及有易燃易爆物质的场所
4	当心爆炸	(当心爆炸)	易发生爆炸危险的场所，如易燃易爆物质的使用或受压容器等地点
5	当心中毒	(当心中毒)	装有 SF_6 断路器、GIS 组合电器的配电装置室入口，生产、储运、使用剧毒品及有毒物质的场所

第五章　生产现场的安全设施

续表

序号	名称	图形标志示例	设置范围和地点
6	当心触电	当心触电	设置在有可能发生触电危险的电气设备和线路，如配电装置室、断路器等处
7	当心电缆	当心电缆	暴露的电缆或地面下有电缆处施工的地点
8	当心扎脚	当心扎脚	易造成脚部伤害的作业地点，如施工工地及有尖角散料等处
9	当心吊物	当心吊物	有吊装设备作业的场所，如施工工地等处
10	当心坠落	当心坠落	易发生坠落事故的作业地点，如脚手架、高处平台、地面的深沟（池、槽）等处
11	当心落物	当心落物	易发生落物危险的地点，如高处作业、立体交叉作业的下方等处
12	当心腐蚀	当心腐蚀	蓄电池室内墙壁等处
13	止步 高压危险	止步 高压危险	带电设备固定遮栏上，室外带电设备构架上，高压试验地点安全围栏上，因高压危险禁止通行的过道上，工作地点临近室外带电设备的安全围栏上，工作地点临近带电设备的横梁上等处

四、指令标志及设置规范

指令标志是指强制人们必须做出某种动作或采用防范措施的图形标志。常用指令标志名称、图形标志示例及设置规范见表 5-3。

表 5-3　常用指令标志名称、图形标志示例及设置规范

序号	名称	图形标志示例	设置范围和地点
1	必须戴防毒面具	必须戴防毒面具	设置在具有对人体有害的气体、气溶胶、烟尘等作业场所,如有毒物散发的地点或处理有毒物造成的事故现场等处
2	必须戴安全帽	必须戴安全帽	设置在生产现场(办公室、主控制室、值班室和检修班组室除外)
3	必须戴防护手套	必须戴防护手套	设置在易伤害手部的作业场所,如具有腐蚀、污染、灼烫、冰冻及触电危险的作业等处
4	必须穿防护鞋	必须穿防护鞋	设置在易伤害脚部的作业场所,如具有腐蚀、灼烫、触电、砸(刺)伤等危险的作业地点
5	必须系安全带	必须系安全带	设置在易发生坠落危险的作业场所,如高处建筑、检修、安装等处

五、提示标志及设置规范

提示标志是指向人们提供某种信息（如标明安全设施或场所等）的图形标志。常用提示标志名称、图形标志示例及设置规范见表 5-4。

表 5-4　常用提示标志名称、图形标志示例及设置规范

序号	名称	图形标志示例	设置范围和地点
1	在此工作	在此工作	设置在工作地点或检修设备上
2	从此上下	从此上下	设置在工作人员可以上下的铁（构）架、爬梯上
3	从此进出	从此进出	设置在工作地点遮栏的出入口处
4	紧急洗眼水	（图形标志）	悬挂在从事酸、碱工作的蓄电池室、化验室等洗眼水喷头旁
5	安全距离	220kV 设备不停电时的安全距离	根据不同电压等级标示出人体与带电体最小安全距离。设置在设备区入口处

六、消防安全标志及设置规范

消防安全标志是指用来表达与消防有关的安全信息，由安全色、边框、以图像为主要特征的图形符号或文字构成的标志。

在变电站的主控制室、继电器室、通信室、自动装置室、变压器室、配电装置室、电缆隧道等重点防火部位入口处以及储存易燃易爆物品仓库门口处应合理配置灭火器等消防器材，在火灾易发生部位设置火灾探测和自动报警装置。

各生产场所应有逃生路线的标识，楼梯主要通道门上方或左（右）侧装

▶ 变电二次安装

设紧急撤离提示标志。

常用消防安全标志名称、图形标志示例及设置规范见表 5-5。

表 5-5 常用消防安全标志名称、图形标志示例及设置规范

序号	名称	图形标志示例	设置范围和地点
1	消防手动启动器		依据现场环境，设置在适宜、醒目的位置
2	火警电话		依据现场环境，设置在适宜、醒目的位置
3	消火栓箱		设置在生产场所构筑物内的消火栓处
4	地上消火栓		固定在距离消火栓 1m 的范围内，不得影响消火栓的使用
5	地下消火栓		固定在距离消火栓 1m 的范围内，不得影响消火栓的使用
6	灭火器		悬挂在灭火器、灭火器箱的上方或存放灭火器、灭火器箱的通道上。泡沫灭火器器身上应标注"不适用于电火"字样

第五章　生产现场的安全设施

续表

序号	名称	图形标志示例	设置范围和地点
7	消防水带		指示消防水带、软管卷盘或消防栓箱的位置
8	灭火设备或报警装置的方向		指示灭火设备或报警装置的方向
9	疏散通道方向		指示紧急出口的方向。用于电缆隧道指向最近出口处
10	紧急出口		便于安全疏散的紧急出口处,与方向箭头结合设在通向紧急出口的通道、楼梯口等处
11	消防水池	1号消防水池	装设在消防水池附近醒目位置,并应编号
12	消防沙池（箱）	1号消防沙池	装设在消防沙池（箱）附近醒目位置,并应编号
13	防火墙	1号防火墙	在变电站的电缆沟（槽）进入主控制室、继电器室处和分接处、电缆沟每间隔约60m处应设防火墙,将盖板涂成红色,标明"防火墙"字样,并应编号

79

七、道路交通标志及设置规范

道路交通标志是用以管制及引导交通的一种安全管理设施。用文字和符号传递引导、限制、警告或指示信息的道路设施。

限制高度标志表示禁止装载高度超过标志所示数值的车辆通行。

限制速度标志表示该标志至前方解除限制速度标志的路段内，机动车行驶速度（单位为km/h）不准超过标志所示数值。

变电站道路交通标志、图形标志示例及设置规范见表5-6。

表5-6 变电站道路交通标志、图形标志示例及设置规范

序号	名称	图形标志示例	设置范围和地点
1	限制高度标志	3.5m	设置在变电站入口处、不同电压等级设备区入口处等最大容许高度受限制地方
2	限制速度标志	5	设置在变电站入口处、变电站主干道及转角处等需要限制车辆速度的路段起点

第二节　设备标志

设备标志是指用来标明设备名称、编号等特定信息的标志，由文字和（或）图形构成。设备标志由设备名称和设备编号组成。设备标志应定义清晰，具有唯一性。功能、用途完全相同的设备，其设备名称应统一。

设备标志的一般规定如下所述。

（1）设备标志牌应配置在设备本体或附件醒目位置。

（2）两台及以上集中排列安装的电气盘应在每台盘上分别配置各自的设备标志牌。两台及以上集中排列安装的前后开门电气盘前、后均应配置设备标志牌，且同一盘柜前、后设备标志牌一致。

（3）GIS设备的隔离开关和接地开关标志牌根据现场实际情况装设，母线

第五章 生产现场的安全设施

的标志牌按照实际相序位置排列，安装于母线筒端部；隔室标志安装于靠近本隔室取气阀门旁醒目位置，各隔室之间通气隔板周围涂红色，非通气隔板周围涂绿色，宽度根据现场实际确定。

（4）电缆两端应悬挂标明电缆编号名称、起点、终点、型号的标志牌，电力电缆还应标注电压等级、长度。

（5）各设备间及其他功能室入口处醒目位置均应配置房间标志牌，标明其功能及编号，室内醒目位置应设置逃生路线图、定置图（表）。

（6）电气设备标志文字内容应与调度机构下达的编号相符，其他电气设备的标志内容可参照调度编号及设计名称。一次设备为分相设备时应逐相标注，直流设备应逐级标注。

设备标志名称、图形标志示例及设置规范见表 5-7。

表 5-7 设备标志名称、图形标志示例及设置规范

序号	名称	图形标志示例	设置范围和地点
1	变压器（电抗器）标志牌	1号主变压器 1号主变压器 A相	（1）安装固定于变压器（电抗器）器身中部，面向主巡视检查路线，并标明名称、编号。 （2）单相变压器每相均应安装标志牌，并标明名称、编号及相别。 （3）线路电抗器每相应安装标志牌，并标明线路电压等级、名称及相别
2	主变压器（线路）穿墙套管标志牌	1号主变压器 10kV穿墙套管 A B C 1号主变压器 10kV穿墙套管 B	（1）安装于主变压器（线路）穿墙套管内、外墙处。 （2）标明主变压器（线路）编号、电压等级、名称。分相布置的还应标明相别
3	滤波器组、电容器组标志牌	3601ACF 交流滤波器	（1）在滤波器组（包括交、直流滤波器，PLC噪声滤波器、RI噪声滤波器）、电容器组的围栏门上分别装设，安装于离地面1.5m处，面向主巡视检查路线。 （2）标明设备名称、编号
4	阀厅内直流设备标志牌	020FQ 换流阀 A相 02DCTA 电流互感器	（1）在阀厅顶部巡视走道遮栏上固定，正对设备，面向走道，安装于离地面1.5m处。 （2）标明设备名称、编号

续表

序号	名称	图形标志示例	设置范围和地点
5	滤波器、电容器组围栏内设备标志牌	C1电容器 R1电阻器 L1电抗器	（1）安装固定于设备本体上醒目处，本体上无位置安装时考虑落地固定，面向围栏正门。 （2）标明设备名称、编号
6	断路器标志牌	500kV ××线 5031断路器 500kV ××线 5031断路器 A相	（1）安装固定于断路器操动机构箱上方醒目处。 （2）分相布置的断路器标志牌安装在每相操动机构箱上方醒目处，并标明相别。 （3）标明设备电压等级、名称、编号
7	隔离开关标志牌	500kV ××线 50314隔离开关 500kV × × 线 50314	（1）手动操作型隔离开关安装于隔离开关操动机构上方 100mm 处。 （2）电动操作型隔离开关安装于操动机构箱门上醒目处。 （3）标志牌应面向操作人员。 （4）标明设备电压等级、名称、编号
8	电流互感器、电压互感器、避雷器、耦合电容器等标志牌	500kV ××线 电流互感器 A相 220kV Ⅱ段母线 1号避雷器 A相	（1）安装在单支架上的设备，标志牌还应标明相别，安装于离地面1.5m处，面向主巡视检查路线。 （2）三相共支架设备，安装于支架横梁醒目处，面向主巡视检查线路。 （3）落地安装加独立遮栏的设备（如避雷器、电抗器、电容器、站用变压器、专用变压器等），标志牌安装在设备围栏中部，面向主巡视检查线路。 （4）标明设备电压等级、名称、编号及相别
9	换流站特殊辅助设备标志牌	LTT 换流阀空气冷却器 1号屋顶式组合空调机组	（1）安装在设备本体上醒目处，面向主巡视检查线路。 （2）标明设备名称、编号

第五章　生产现场的安全设施

续表

序号	名称	图形标志示例	设置范围和地点
10	控制箱、端子箱标志牌	500kV××线 5031断路器端子箱	（1）安装在设备本体上醒目处，面向主巡视检查线路。 （2）标明设备名称、编号
11	接地刀闸标志牌	500kV××线 503147接地刀闸 A相 500kV × × 线 503147	（1）安装于接地刀闸操动机构上方100mm处。 （2）标志牌应面向操作人员。 （3）标明设备电压等级、名称、编号、相别
12	控制、保护、直流、通信等盘柜标志牌	220kV××线光纤纵差保护屏	（1）安装于盘柜前后顶部门楣处。 （2）标明设备电压等级、名称、编号
13	室外线路出线间隔标志牌	220kV××线 Ⓐ Ⓑ Ⓒ	（1）安装于线路出线间隔龙门架下方或相对应围墙墙壁上。 （2）标明电压等级、名称、编号、相别
14	敞开式母线标志牌	220kV Ⅰ段母线 Ⓐ Ⓑ Ⓒ 220kV Ⅰ段母线 Ⓐ	（1）室外敞开式布置母线，母线标志牌安装于母线两端头正下方支架上，背向母线。 （2）室内敞开式布置母线，母线标志牌安装于母线端部对应墙壁上。 （3）标明电压等级、名称、编号、相序
15	封闭式母线标志牌	220kV Ⅰ段母线 Ⓐ Ⓑ Ⓒ 10kV Ⅱ段母线 Ⓐ Ⓑ Ⓒ	（1）GIS设备封闭母线，母线标志牌按照实际相序排列位置，安装于母线筒端部。 （2）高压开关柜母线标志牌安装于开关柜端部对应母线位置的柜壁上。 （3）标明电压等级、名称、编号、相序
16	室内出线穿墙套管标志牌	10kV××线 Ⓐ Ⓑ Ⓒ	（1）安装于出线穿墙套管内、外墙处。 （2）标明出线线路电压等级、名称、编号、相序
17	熔断器、交（直）流开关标志牌	回路名称： 型　号： 熔断电流：	（1）悬挂在二次屏中的熔断器、交（直）流开关处。 （2）标明回路名称、型号、额定电流

83

续表

序号	名称	图形标志示例	设置范围和地点
18	避雷针标志牌	1号避雷针	（1）安装于避雷针距地面1.5m处。 （2）标明设备名称、编号
19	明敷接地体	100mm	全部设备的接地装置（外露部分）应涂宽度相等的黄绿相间条纹。间距以100~150mm为宜
20	地线接地端 （临时接地线）	接地端	固定于设备压接型地线的接地端
21	低压电源箱标志牌	220kV设备区电源箱	（1）安装于各类低压电源箱上的醒目位置。 （2）标明设备名称及用途

第三节 安全警示线和安全防护设施

安全防护设施是指防止外因引发的人身伤害、设备损坏而配置的防护装置和用具。

一、安全警示线

安全警示线一般规定如下所述。

（1）安全警示线用于界定和分隔危险区域，向人们传递某种注意或警告的信息，以避免人身伤害。安全警示线包括禁止阻塞线、减速提示线、安全警戒线、防止碰头线、防止绊跤线、防止踏空线、生产通道边缘警戒线和设备区巡视路线等。

（2）安全警示线一般采用黄色或与对比色（黑色）同时使用。

安全警示线、图形标志示例及设置规范见表5-8。

表 5-8 安全警示线、图形标志示例及设置规范

序号	名称	图形标志示例	设置范围和地点
1	禁止阻塞线		（1）标注在地下设施入口盖板上。 （2）标注在主控制室、继电器室门内外；消防器材存放处；防火重点部位进出通道。 （3）标注在通道旁边的配电柜前（800mm）。 （4）标注在其他禁止阻塞的物体前
2	减速提示线		标注在变电站站内道路的弯道、交叉路口和变电站进站入口等限速区域的入口处
3	安全警戒线		（1）设置在控制屏（台）、保护屏、配电屏和高压开关柜等设备周围。 （2）安全警戒线至屏面的距离宜为300~800mm，可根据实际情况调整
4	防止碰头线		标注在人行通道高度小于1.8m的障碍物上
5	防止绊跤线		（1）标注在人行横道地面上高差300mm以上的管线或其他障碍物上。 （2）采用45°间隔斜线（黄/黑）排列进行标注
6	防止踏空线		（1）标注在上下楼梯第一级台阶上。 （2）标注在人行通道高差300mm以上的边缘处
7	生产通道边缘警戒线		（1）标注在生产通道两侧。 （2）为保证夜间可见性，宜采用道路反光漆或强力荧光油漆进行涂刷

续表

序号	名称	图形标志示例	设置范围和地点
8	设备区巡视路线		标注在变电站室内外设备区道路或电缆沟盖板上

二、安全防护设施

安全防护设施是指防止外因引发的人身伤害、设备损坏而配置的防护装置和用具。

安全防护设施一般规定如下所述。

（1）安全防护设施用于防止外因引发的人身伤害，包括安全帽、安全工器具柜（室）、安全工器具试验合格证标志牌、接地线标志牌及接地线存放地点标志牌、固定防护遮栏、区域隔离遮栏、临时遮栏（围栏）、红布幔、孔洞盖板、爬梯遮栏门、防小动物挡板、防误闭锁解锁钥匙箱、防毒面具和正压式消防空气呼吸器等设施和用具。

（2）工作人员进入生产现场，应根据作业环境中所存在的危险因素，穿戴或使用必要的防护用品。

安全防护设施、图形标志示例及配置规范见表5-9。

表5-9 安全防护设施、图形标志示例及配置规范

序号	名称	图形标志示例	配置规范
1	安全帽	（红色）（蓝色）（白色）（黄色）安全帽背面	（1）安全帽用于作业人员头部防护。任何人进入生产现场（办公室、主控制室、值班室和检修班组室除外），应正确佩戴安全帽。 （2）安全帽应符合 GB 2811《头部防护 安全帽》的规定。 （3）安全帽前面有国家电网公司标志，后面为单位名称及编号，并按编号定置存放。 （4）安全帽实行分色管理。红色安全帽为管理人员使用，黄色安全帽为运维人员使用，蓝色安全帽为检修（施工、试验等）人员使用，白色安全帽为外来参观人员使用

第五章 生产现场的安全设施

续表

序号	名称	图形标志示例	配置规范
2	安全工器具柜（室）		（1）变电站应配备足量的专用安全工器具柜。 （2）安全工器具柜应满足国家、行业标准及产品说明书关于保管和存放要求。 （3）安全工器具柜（室）宜具有温度、湿度监控功能，满足温度为 -15℃~+35℃、相对湿度为 80% 以下，保持干燥通风的基本要求
3	安全工器具试验合格证标志牌	安全工器具试验合格证 名称_____ 编号_____ 试验日期____年__月__日 下次试验日期____年__月__日	（1）安全工器具试验合格证标志牌贴在经试验合格的安全工器具醒目处。 （2）安全工器具试验合格证标志牌可采用粘贴力强的不干胶制作，规格为 60mm×40mm
4	接地线标志牌及接地线存放地点标志牌	编号：01 电压：220kV ××变电站 01号接地线	（1）接地线标志牌固定在接地线接地端线夹上。 （2）接地线标志牌应采用不锈钢板或其他金属材料制成，厚度 1.0mm。 （3）接地线标志牌尺寸为 D=30~50mm，D_1=2.0~3.0mm。 （4）接地线存放地点标志牌应固定在接地线存放醒目位置
5	固定防护遮栏		（1）固定防护遮栏适用于落地安装的高压设备周围及生产现场平台、人行通道、升降口、大小坑洞、楼梯等有坠落危险的场所。 （2）用于设备周围的遮栏高度不低于 1700mm，设置供工作人员出入的门并上锁；防坠落遮栏高度不低于 1050mm，并装设不低于 100mm 的护板。 （3）固定遮栏上应悬挂安全标志，位置根据实际情况而定。 （4）固定遮栏及防护栏杆、斜梯应符合规定，其强度和间隙满足防护要求。 （5）检修期间需将栏杆拆除时，应装设临时遮栏，并在检修工作结束后将栏杆立即恢复

续表

序号	名称	图形标志示例	配置规范
6	区域隔离遮栏		（1）区域隔离遮栏适用于设备区与生活区的隔离、设备区间的隔离、改（扩）建施工现场与运行区域的隔离，也可装设在人员活动密集场所周围。 （2）区域隔离遮栏应采用不锈钢或塑钢等材料制作，高度不低于1050mm，其强度和间隙满足防护要求
7	临时遮栏（围栏）		（1）临时遮栏（围栏）适用于下列场所： ①有可能高处落物的场所； ②检修、试验工作现场与运行设备的隔离； ③检修、试验工作现场规范工作人员活动范围； ④检修现场安全通道； ⑤检修现场临时起吊场地； ⑥防止其他人员靠近的高压试验场所； ⑦安全通道或沿平台等边缘部位，因检修拆除常设栏杆的场所； ⑧事故现场保护； ⑨需临时打开的平台、地沟、孔洞盖板周围等。 （2）临时遮栏（围栏）应采用满足安全、防护要求的材料制作。有绝缘要求的临时遮栏应采用干燥木材、橡胶或其他坚韧绝缘材料制成。 （3）临时遮栏（围栏）高度为1050~1200mm，防坠落遮栏应在下部装设不低于180mm高的挡脚板。 （4）临时遮栏（围栏）强度和间隙应满足防护要求，装设应牢固可靠。 （5）临时遮栏（围栏）应悬挂安全标志，位置根据实际情况而定
8	红布幔		（1）红布幔适用于变电站二次系统上进行工作时，将检修设备与运行设备前后以明显的标志隔开。 （2）红布幔尺寸一般为2400mm×800mm、1200mm×800mm、650mm×120mm，也可根据现场实际情况制作。 （3）红布幔上印有运行设备字样，白色黑体字，布幔上下或左右两端设有绝缘隔离的磁铁或挂钩

第五章　生产现场的安全设施

续表

序号	名称	图形标志示例	配置规范
9	孔洞盖板	覆盖式 镶嵌式	（1）适用于生产现场需打开的孔洞。 （2）孔洞盖板均应为防滑板，且应覆以与地面齐平的坚固的有限位的盖板。盖板边缘应大于孔洞边缘100mm，限位块与孔洞边缘距离不得大于25~30mm，网络板孔眼不应大于50mm×50mm。 （3）在检修工作中如需将盖板取下，应设临时围栏。临时打开的孔洞，施工结束后应立即恢复原状；夜间不能恢复的，应加装警示红灯。 （4）孔洞盖板可制成与现场孔洞互相配合的矩形、正方形、圆形等形状，选用镶嵌式、覆盖式，并在其表面涂刷45°黄黑相间的等宽条纹，宽度宜为50~100mm。 （5）盖板拉手可做成活动式，便于钩起
10	爬梯遮栏门	禁止攀登 高压危险 编号	（1）应在禁止攀登的设备、构架爬梯上安装爬梯遮栏门，并予编号。 （2）爬梯遮栏门为整体不锈钢或铝合金板门。其高度应大于工作人员的跨步长度，宜设置为800mm左右，宽度应与爬梯保持一致。 （3）在爬梯遮栏门正门应装设"禁止攀登 高压危险"的标志牌
11	防小动物挡板		（1）在各配电装置室、电缆室、通信室、蓄电池室、主控制室和继电器室等出入口处，应装设防小动物挡板，以防止小动物短路故障引发的电气事故。 （2）防小动物挡板宜采用不锈钢、铝合金等不易生锈、变形的材料制作，高度应不低于400mm，其上部应设有45°黑黄相间色斜条防止绊跤线标志，标志线宽宜为50~100mm

89

续表

序号	名称	图形标志示例	配置规范
12	防误闭锁解锁钥匙箱	解锁钥匙箱	（1）防误闭锁解锁钥匙箱是将解锁钥匙存放其中并加封，根据规定执行手续后使用。 （2）防误闭锁解锁钥匙箱为木质或其他材料制作，前面部为玻璃面，在紧急情况下可将玻璃破碎，取出解锁钥匙使用。 （3）防误闭锁解锁钥匙箱存放在变电站主控制室
13	防毒面具和正压式消防空气呼吸器	过滤式防毒面具 正压式消防空气呼吸器	（1）变电站应按规定配备防毒面具和正压式消防空气呼吸器。 （2）过滤式防毒面具是在有氧环境中使用的呼吸器。 （3）过滤式防毒面具应符合 GB 2890《呼吸防护自吸过滤式防毒面具》的规定。使用时，空气中氧气浓度不低于 18%，温度为 −30℃~+45℃，且不能用于槽、罐等密闭容器环境。 （4）过滤式防毒面具的过滤剂有一定的使用时间，一般为 30~100min。过滤剂失去过滤作用（面具内有特殊气味）时，应及时更换。 （5）过滤式防毒面具应存放在干燥、通风，无酸、碱、溶剂等物质的库房内，严禁重压。防毒面具的滤毒罐（盒）的贮存期为 5 年（3 年），过期产品应经检验合格后方可使用。 （6）正压式消防空气呼吸器是用于无氧环境中的呼吸器。 （7）正压式消防空气呼吸器应符合 XF 124《正压式消防空气呼吸器》的规定。 （8）正压式消防空气呼吸器在贮存时应装入包装箱内，避免长时间暴晒，不能与油、酸、碱或其他有害物质共同贮存，严禁重压

第六章
典型违章举例与事故案例分析

第一节　典型违章举例

一、Ⅰ类严重违章（生产变电）

（1）无日计划作业，或实际作业内容与日计划不符。

（2）超出作业范围未经审批。

（3）使用达到报废标准的或超出检验期的安全工器具。

（4）未经工作许可（包括在客户侧工作时，未获客户许可），即开始工作。

（5）工作负责人（作业负责人、专责监护人）不在现场，或劳务分包人员担任工作负责人（作业负责人）。

（6）作业人员不清楚工作任务、危险点。

（7）有限空间作业未执行"先通风、再检测、后作业"要求；未正确设置监护人；未配置或不正确使用安全防护装备、应急救援装备。

（8）同一工作负责人同时执行多张工作票。

（9）无票（包括作业票、工作票及分票、操作票、动火票等）工作、无令操作。

（10）存在高坠、物体打击风险的作业现场，人员未佩戴安全帽。

（11）高处作业、攀登或转移作业位置时失去安全保护。

（12）漏挂接地线或漏合接地刀闸。

（13）作业点未在接地保护范围。

上述（1）~（9）为管理违章，（10）~（13）为行为违章。

二、Ⅰ类严重违章（基建变电）

（1）无日计划作业，或实际作业内容与日计划不符。

（2）工作负责人（作业负责人、专责监护人）不在现场，或劳务分包人员担任工作负责人（作业负责人）。

（3）同一工作负责人同时执行多张工作票。

（4）使用达到报废标准的或超出检验期的安全工器具。

（5）超出作业范围未经审批。

（6）作业点未在接地保护范围。

（7）漏挂接地线或漏合接地刀闸。

（8）有限空间作业未执行"先通风、再检测、后作业"要求；未正确设置监护人；未配置或不正确使用安全防护装备、应急救援装备。

（9）存在高坠、物体打击风险的作业现场，人员未佩戴安全帽。

（10）无票（包括作业票、工作票及分票、操作票、动火票等）工作、无令操作。

（11）未经工作许可（包括在客户侧工作时，未获客户许可），即开始工作。

（12）作业人员不清楚工作任务、危险点。

（13）高处作业、攀登或转移作业位置时失去安全保护。

（14）对需要拆除全部或一部分接地线后才能进行的作业，未征得运维人员的许可擅自作业。

上述（1）~（4）为管理违章，（5）~（14）为行为违章。

三、Ⅱ类严重违章（生产变电）

（1）在带电设备周围使用钢卷尺、金属梯等禁止使用的工器具。

（2）擅自开启高压开关柜门、检修小窗，擅自移动绝缘挡板。

（3）超允许起重量起吊。

（4）在继保屏上作业时，运行设备与检修设备无明显标志隔开，或在保护盘上或附近进行振动较大的工作时，未采取防跳闸（误动）的安全措施。

（5）继电保护、直流控保、稳控装置等定值计算、调试错误、误动、误碰、误（漏）接线。

上述（1）~（5）为行为违章。

四、Ⅱ类严重违章（基建变电）

（1）在带电设备附近作业前未计算校核安全距离；作业安全距离不够且未采取有效措施。

（2）约时停、送电；带电作业约时停用或恢复重合闸。

（3）施工总承包单位或专业承包单位未派驻项目负责人、技术负责人、质量管理负责人、安全管理负责人等主要管理人员。合同约定由承包单位负责采购的主要建筑材料、构配件及工程设备或租赁的施工机械设备，由其他单位或个人采购、租赁。

（4）两个及以上专业、单位参与的改造、扩建、检修等综合性作业，未成立由上级单位领导任组长，相关部门、单位参加的现场作业风险管控协调组；现场作业风险管控协调组未常驻现场督导和协调风险管控工作。

（5）超允许起重量起吊。

（6）个人保安接地线代替工作接地线使用。

（7）在带电设备周围使用钢卷尺、金属梯等禁止使用的工器具。

（8）在运行站内使用吊车、高空作业车、挖掘机等大型机械开展作业，未经设备运维单位批准即改变施工方案规定的工作内容、工作方式等。

上述（1）~（4）为管理违章，（5）~（8）为行为违章。

五、Ⅲ类严重违章（生产变电）

（1）将高风险作业定级为低风险。

（2）现场作业人员未经安全准入考试并合格；新进、转岗和离岗3个月以上电气作业人员，未经专门安全教育培训，并经考试合格上岗。

（3）安全风险管控监督平台上的作业开工状态与实际不符；作业现场未布设与平台作业计划绑定的视频监控设备，或视频监控设备未开机、未拍摄现场作业内容。

（4）特种设备作业人员、特种作业人员、危险化学品从业人员未依法取得资格证书。

（5）应拉断路器（开关）、应拉隔离开关（刀闸）、应拉熔断器、应合接地刀闸、作业现场装设的工作接地线未在工作票上准确登录；工作接地线未按票面要求准确登录安装位置、编号、挂拆时间等信息。

（6）不具备"三种人"资格的人员担任工作票签发人、工作负责人或许可人。

（7）三级及以上风险作业管理人员（含监理人员）未到岗到位进行管控。

（8）链条葫芦、手扳葫芦、吊钩式滑车等装置的吊钩和起重作业使用的吊钩无防止脱钩的保险装置。

（9）作业人员擅自穿、跨越安全围栏、安全警戒线。

（10）票面（包括作业票、工作票及分票、动火票等）缺少工作负责人、工作班成员签字等关键内容。

（11）未按规定开展现场勘察或未留存勘察记录；工作票（作业票）签发人和工作负责人均未参加现场勘察。

（12）链条葫芦超负荷使用。

（13）使用起重机作业时，吊物上站人，作业人员利用吊钩上升或下降。

（14）起吊或牵引过程中，受力钢丝绳周围、上下方、内角侧和起吊物下面，有人逗留或通过。

（15）使用金具 U 形环代替卸扣；使用普通材料的螺栓取代卸扣销轴。

（16）起重作业无专人指挥。

（17）汽车式起重机作业前未支好全部支腿；支腿未按规程要求加垫木。

（18）重要工序、关键环节作业未按施工方案或规定程序开展作业；作业人员未经批准擅自改变已设置的安全措施。

（19）高压带电作业未穿戴绝缘手套等绝缘防护用具；高压带电断、接引线或带电断、接空载线路时未戴护目镜。

（20）在互感器二次回路上工作，未采取防止电流互感器二次回路开路，电压互感器二次回路短路的措施。

（21）起重机无限位器，或起重机械上的限制器、联锁开关等安全装置失效。

上述（1）~（8）为管理违章，（9）~（20）为行为违章，（21）为装置违章。

六、Ⅲ类严重违章（基建变电）

（1）承发包双方未依法签订安全协议，未明确双方应承担的安全责任。

（2）将高风险作业定级为低风险。

（3）现场作业人员未经安全准入考试并合格；新进、转岗和离岗3个月以上电气作业人员，未经专门安全教育培训，并经考试合格上岗。

（4）特种设备作业人员、特种作业人员、危险化学品从业人员未依法取得资格证书。

（5）特种设备未依法取得使用登记证书、未经定期检验或检验不合格。

（6）安全风险管控监督平台上的作业开工状态与实际不符；作业现场未布设与安全风险管控监督平台作业计划绑定的视频监控设备，或视频监控设备未开机、未拍摄现场作业内容。

（7）不具备"三种人"资格的人员担任工作票签发人、工作负责人或许可人。

（8）施工方案由劳务分包单位编制。

（9）劳务分包单位自备施工机械设备或安全工器具。

（10）三级及以上风险作业管理人员（含监理人员）未到岗到位进行管控。

（11）自制施工工器具未经检测试验合格。

（12）链条葫芦、手扳葫芦、吊钩式滑车等装置的吊钩和起重作业使用的吊钩无防止脱钩的保险装置。

（13）在互感器二次回路上工作，未采取防止电流互感器二次回路开路，电压互感器二次回路短路的措施。

（14）对"超过一定规模的危险性较大的分部分项工程"（含大修、技改等项目），未组织编制专项施工方案（含安全技术措施），未按规定论证、审核、审批、交底及现场监督实施。

（15）起重作业无专人指挥。

（16）重要工序、关键环节作业未按施工方案或规定程序开展作业；作业人员未经批准擅自改变已设置的安全措施。

（17）未按规定开展现场勘察或未留存勘察记录；工作票（作业票）签发人和工作负责人均未参加现场勘察。

（18）使用起重机作业时，吊物上站人，作业人员利用吊钩上升或下降。

（19）在易燃易爆或禁火区域携带火种、使用明火、吸烟；未采取防火等安全措施在易燃物品上方进行焊接，下方无监护人。

（20）作业人员擅自穿、跨越安全围栏或安全警戒线。

（21）汽车式起重机作业前未支好全部支腿；支腿未按规程要求加垫木。

（22）作业人员擅自穿、跨越安全围栏或安全警戒线。

（23）使用金具U形环代替卸扣；使用普通材料的螺栓取代卸扣销轴。

（24）起吊或牵引过程中，受力钢丝绳周围、上下方、内角侧和起吊物下面，有人逗留或通过。

（25）受力工器具（吊索具、卸扣等）超负荷使用。

（26）票面（包括作业票、工作票及分票、动火票等）缺少工作负责人、工作班成员签字等关键内容。

（27）吊车未安装限位器。

上述（1）~（14）为管理违章，（15）~（26）为行为违章，（27）为装置违章。

七、一般违章（生产变电）

（1）现场实际情况与勘察记录不一致。

（2）检修方案的编审批时间早于现场勘察时间，检修方案内容与现场实际不一致。

（3）第一种工作票总、分票不是由同一个工作票签发人签发。

（4）带电作业高架绝缘斗臂车、常用起重设备未对照标准进行检查和试验，无相关检查和试验记录。

（5）作业人员进入作业现场未正确佩戴安全帽，未穿全棉长袖工作服、绝缘鞋。

（6）施工现场的专责监护人兼做其他工作。

（7）工作票字迹不清楚，随意涂改。

（8）工作许可人、工作负责人未在工作票上分别对所列安全措施逐一确认，未在"已执行"栏打"√"进行确认。

（9）未按规定设置围栏或悬挂标示牌等。

（10）使用无限制开度措施的人字梯工作。

（11）使用电气工具时，提着电气工具的导线或转动部分；因故离开工作场所或暂时停止工作以及遇到临时停电时，未切断电气工具电源。

（12）在户外变电站和高压室内搬动梯子、管子等长物，未按规定两人放倒搬运。

（13）起重机在带电区域移位未收臂。

（14）有重物悬在空中时，驾驶人员离开起重机驾驶室或做其他工作。

（15）遇有六级及以上的大风时，露天进行起重工作。

（16）与工作无关人员在起重工作区域内行走或停留。

（17）高架绝缘斗臂车工作位置选择不当，支撑不可靠，无防倾覆措施。

（18）起吊作业过程中对易晃动的重物，未使用控制绳。

（19）带电水冲洗时，操作人员未戴绝缘手套、穿绝缘靴；带电清扫作业时，作业人员手握在绝缘杆保护环以上部位。

（20）风力大于四级，气温低于 $-3℃$，或雨、雪、雾、雷电及沙尘暴天气时进行带电水冲洗。

（21）用绝缘绳索传递大件金属物品（包括工具、材料等）时，杆塔或地面上作业人员未将金属物品接地后再接触。

（22）电缆井井盖、电缆沟盖板及电缆隧道人孔盖开启后，未设置围栏，无人看守。作业人员撤离电缆井或隧道后，未盖好井盖。

（23）高处作业时，工作地点下面未按坠落半径设围栏或其他保护装置；无关人员在工作地点的下面通行或逗留。

（24）作业人员高空抛物。

（25）高处作业未使用工具袋，较大的工具未用绳拴在牢固的构件上。

（26）利用高空作业车、带电作业车、叉车、高处作业平台等进行高处作业，移动车辆时高处作业平台上有人。

（27）采用缠绕的方法接地或短路。

（28）接地线装设处未去除油漆或绝缘层。

（29）接地线装设或拆除顺序错误，连接不可靠。

（30）生产和施工场所未按规定配备消防器材或配备不合格的消防器材。

（31）动火作业前，未清除动火现场及周围的易燃物品。

（32）二次工作安全措施票的工作内容及安全措施内容未由工作负责人填写，未经技术人员或班长审核签发。

（33）使用单梯工作时，梯与地面的斜角过小（＜65°）或过大（＞75°）；使用中的梯子整体不坚实、无防滑措施，梯阶的距离大于0.4m，距梯顶1m处无限高标志。

（34）使用的手持电动工具具有绝缘损坏、电源线护套破裂、保护线脱落、插头插座裂开或有损于安全的机械损伤等故障。

（35）使用的砂轮有裂纹及其他不良情况、砂轮无防护罩；使用砂轮研磨时，未戴防护眼镜或装设防护玻璃；用砂轮磨工具时用砂轮的侧面研磨。

（36）使用的潜水泵外壳有裂缝、破损，机械防护装置缺损。

（37）非金属外壳的仪器未与地绝缘，金属外壳的仪器和变压器外壳未接地。

（38）电动的工具、机具应接地而未接地或接地不良。

（39）检修动力电源箱的支路开关未加装剩余电流动作保护器（漏电保护器）或加装的剩余电流动作保护器（漏电保护器）功能失效。

（40）电气工具和用具的电线接触热体，放在湿地上，或车辆、重物压在线上。

（41）工作过程中，高架绝缘斗臂车的发动机熄火；接近和离开带电部位时，下部操作人员离开操作台。

（42）施工机械设备转动部分无防护罩或牢固的遮栏。

（43）在变电站内使用起重机械时，未可靠接地。

（44）使用其他导线作接地线或短路线，或成套接地线截面积小于25mm^2，或未有透明护套的多股软铜线，或未用专用线夹。

（45）动火作业时，乙炔瓶或氧气瓶未直立放置，气瓶间距小于5m，动火作业地点距离气瓶不足10m。

上述（1）~（4）为管理违章，（5）~（32）为行为违章，（33）~（45）为装置违章。

八、一般违章（基建变电）

（1）施工现场未编制现场应急处置方案，未定期组织开展应急演练。

（2）电缆线路跨越道路沿地面明设，电缆头无防水、防触电措施。

（3）现场施工机械、施工工器具未经检验合格进行作业。

（4）起重机具未对照标准进行检查和试验，无相关检查和试验记录。

第六章　典型违章举例与事故案例分析

（5）施工现场的专责监护人兼做其他工作。

（6）施工现场及周围的悬崖、陡坎、深坑、高压带电区等危险场所未设可靠的防护设施及安全标志；坑、沟、孔洞等未铺设符合安全要求的盖板或设可靠的围栏、挡板及安全标志。

（7）地面施工人员在物体可能坠落范围半径内停留或穿行。

（8）起吊物体未绑扎牢固。物体有棱角或特别光滑的部位时，在棱角和滑面与绳索（吊带）接触处未包垫。钢丝绳套与构架、支架接触无软物包垫。

（9）高处作业人员随手上下抛掷工具、材料等物件。

（10）锦纶绳、棕绳、吊装带破损。钢丝绳插接的环绳或绳套，其插接长度小于钢丝绳直径的15倍或小于300mm。

（11）氧气瓶存放处周围10m内有明火，与易燃易爆物品同间存放。氧气瓶靠近热源或在烈日下暴晒。乙炔瓶存放时未保持直立，未设置防止倾倒的措施。使用中的氧气瓶与乙炔瓶的距离小于5m。

（12）动火作业前，未清除动火现场及周围的易燃物品。

（13）生产和施工场所未按规定配备消防器材或配备不合格的消防器材。

（14）安全带、后备绳、缓冲器、攀登自锁器等安全工器具的连接器扣体未锁好。

（15）汽车式起重机支腿使用枕木支撑时，枕木少于两根或尺寸不规范。

（16）在储存或加工易燃、易爆物品的场所周围10m内进行焊接或切割作业。

（17）在油漆未干的结构或其他物体上进行焊接。

（18）高压配电设备、线路和低压配电线路停电检修时在一经合闸即可送电到作业地点的断路器和隔离开关的操作把手、二次设备上未悬挂"禁止合闸　有人工作！"或"禁止合闸　线路有人工作！"的安全标志牌。

（19）在运行的变电站及高压配电室搬动梯子、线材等长物时，未放倒两人搬运。手持非绝缘物件时超过本人的头顶，在设备区内撑伞。

（20）使用不符合规定的导线做接地线或短路线，接地线未使用专用的线夹固定在导体上，使用缠绕的方法进行接地或短路。装拆接地线未使用绝缘棒，未戴绝缘手套。挂接地线时未先接接地端，再接设备端；拆除接地线时未先拆设备端，再拆接地端。

（21）进行盘、柜上小母线施工时，作业人员未做好相邻盘、柜上小母线

99

的防护作业，新装盘的小母线在与运行盘上的小母线接通前，无隔离措施。

（22）汽车装运时，乙炔瓶未直立排放，车厢高度低于瓶高的2/3。氧气瓶未横向卧放，头部未朝向一侧，未垫牢，装载高度超过车厢高度，气瓶押运人员未坐在司机驾驶室内。

（23）易燃品、油脂和带油污的物品与氧气瓶同车运输。氧气瓶与乙炔瓶同车运输。气瓶未存放在通风良好场所，靠近热源或在烈日下暴晒。气瓶存放处10m内存在明火，与易燃物、易爆物同间存放。各类气瓶不装减压器直接使用或使用不合格的减压器。

（24）接地体的材质、规格不符合规范要求，埋设深度小于0.6m。施工用金属房外壳（皮）未有可靠明接地及绝缘设施。接地线连接在金属管道和建筑物金属物体上。

（25）临时用电配电箱未接地，操作部位有带电体裸露。临时用电的电源线直接挂在闸刀上或直接用线头插入插座内使用。电动机械或电动工具未做到"一机一闸一保护"。

（26）开关及熔断器下口接电源，上口接负荷。

（27）施工现场使用不合格的梯子（升降梯、折梯、延伸式梯子等）。梯子垫高使用。使用软梯作业时，软梯上有多人作业。

（28）使用中的卸扣横向受力。

（29）起重机上未配备灭火装置。临近带电作业时，操作室内未铺橡胶绝缘带。

上述（1）~（4）为管理违章，（5）~（23）为行为违章，（24）~（29）为装置违章。

第二节　事故案例分析

【案例一】××电力建设公司变电站扩改工程中10kV柜TA做伏安特性试验改接线时，工作人员低压触电死亡。

1. 事故经过

6月25日，××电力建设公司变电工程队继电班工作人员彭×（工作负责人）、邱×（工作班成员）对110kV××变电站新建10kV高压室内新安装的 1 号接地变压器中开关柜内的 TA 进行伏安特性试验工作。11 时 30 分左右，做完 A 相 TA 的试验后，彭×操作调压器退至零位，电压、电流表指示为零，然后靠近屏后门，左手抓住屏体，右手准备取接线线夹改接线时说："我肚子有点痛，想上厕所。"邱×说："那你去吧，我来接。"邱×正准备站起来接替他，彭×说："接完这两根线。"这时，邱×一眼看见彭×没有将试验电源控制开关拉开，于是说："等一下，闸刀没拉，"并准备去拉断路器，话音未完，就听见彭×叫"哎哟，快拉……"，邱×将断路器拉开后，彭×抓住屏体的手松开，身体往后倒下，撞翻了试验台桌。当时在屏前工作的××开关厂的工作人员听到屏后有人跌倒的声音立刻来到屏后，其中一名男同志看了情况后迅速喊来了其他工作地点的人员对彭×进行救护。由于 10kV 高压室都是新安装的屏柜，没有高压电和外来电源，赶来救护的人员误以为彭×是中暑跌倒，快速将彭×抬出放到平敞的地面躺着，一边抢救，一边迅速联系 120 救护车，120 救护中心答复另有抢救任务，不能即时赶来。11 时 36 分左右，彭×被抬上工程车，紧急送往省××医院，途中送护人员接到现场工作人员电话，被告知彭×可能是触电，立刻对彭×实施触电急救直到医院，11 时 50 分左右到达医院，医师继续全力抢救彭×，但抢救无效，12 时 26 分医师宣布彭×死亡。

2. 违章分析

（1）现场作业人员违反《继电保护和电网安全自动装置现场工作保安规定》，没有断开试验电源开关就盲目操作改变试验接线。违反生产变电典型违章库第 25 条继电保护、直流控保、稳控装置等定值计算、调试错误，误动、误碰、误（漏）接线，属于Ⅱ类严重违章。

（2）作业人员未对试验接线检查核对，导致相线接在调压器输入、输出的公共端上。

（3）试验用的自耦调压器接线板上未标明原理接线图及相线和中性端子的符号，而且接线端子裸露。

（4）工作中使用的移动电源板未安装触电保安器，10kV 高压室内的电源箱也未安装触电保安器。

（5）现场作业人员穿的是短袖汗衫，没有穿工作服。

（6）现场的救护人员对彭×的症状判断不准，现场采取的紧急救护方法不当。

（7）工作人员对试验电源触电的危险性认识不足，自保意识不强，相互监护不够。

3. 防范措施

（1）立即对该施工现场的安全措施进行全面检查和整改。

（2）开展以人身安全为重点的安全思想教育安全整顿活动。

（3）制定《继电保护、二次回路等低压用电保安措施》，并尽快在移动式电源板上加装触电保安器。同时研究推广使用新型防漏电和防接错线的试验电源箱。

（4）试验仪器设备严格按规范管理。

（5）开展全员的触电急救培训。

【案例二】××超高压管理处××换流站"12·13"事故。

1. 事故经过

（1）事故前系统运行工况。

××换流站500kV交流场三×Ⅱ线和×兴线处于检修状态，×复线、三×Ⅰ、三×Ⅲ线、斗×Ⅰ、三×Ⅱ线处于运行状态。

××省网通过×复线从华×主网受电约620MW，××省网用电负荷为7030MW。

（2）事故前现场工作基本情况。

12月8日至16日，三×Ⅱ线计划停电检修，××超高压管理处安排了××换流站三×Ⅱ线进线串设备检修，包括线路保护、5152和5153断路器保护检验等工作。

××超高压管理处安排检修部控制保护分部张×出任工作负责人，外包检修单位××电力有限公司人员李××、李×、张××为工作班成员，负责完成保护检验工作。12月9日，工作负责人办理了5152和5153断路器保护检验第二种工作票后开始保护校验，12月12日17时完成校验工作并终结工作票。

12月13日9时，工作班办理第一种工作票，做5152和5153断路器保护传动试验。12月13日13时30分左右，开始做5153断路器保护传动试验，14时18分完成5153断路器保护传动试验工作。

（3）事故发生经过。

工作现场完成上述试验后，开始做 5152 断路器失灵保护传动试验。

试验开始前，××超高压管理处安排检修部控制保护分部张××，在保护盘柜后监护××电力有限公司保护试验人员李××、李×连接试验线，××电力有限公司保护试验人员张××在盘柜前做准备工作。××超高压管理处检修部控制保护分部张××在盘柜后确认试验接线位置正确后，返回盘柜前的过程中，5152 断路器失灵保护已动作，5151 断路器三相跳开，造成×复线跳闸。因××省网连接主网的另一回 500kV××线正在检修，导致××省网与华×主网解列，××省网频率最低至 49Hz，低周减载装置基Ⅰ轮动作，切除负荷 315MW，频率恢复到 49.85Hz；华×主网频率高至 50.17Hz。14 时 48 分，×复线×陵侧合环，省网与主网恢复并列，15 时 30 分，切除负荷全部恢复，损失电量约 1600Wh。

事故后检查保护柜盘面，发现 3LP13 压板（5152 断路器失灵保护启动 5151 永跳第二线圈压板）在投入位置。按试验要求应该是 3LP11 压板（5152 断路器失灵保护启动 5153 断路器永跳第二线圈压板）投入，压板投入错误是造成 5151 断路器三相跳闸的直接原因。

调查认为：现场工作人员在做 5152 断路器失灵保护传动试验时，错误地将 5152 断路器保护屏柜上的失灵保护跳 5151 断路器压板当成跳 5153 断路器压板投入并进行了注流试验，是造成×复线跳闸的直接原因。按照有关规定，认定"12·13"事故属人员责任的继电保护"三误"事故。

2. 违章分析

这次事故的主要原因是作业人员违反生产变电典型违章库第 25 条继电保护、直流控保、稳控装置等定值计算、调试错误，误动、误碰、误（漏）接线，属于Ⅱ类严重违章，致使各道安全关口失去作用，最终酿成误操作事故。

（1）××超高压管理处有关检修和运维人员安全意识淡薄，责任心不强，规章制度执行不严，习惯性违章严重，现场监督不到位。

（2）防止误操作事故措施落实不到位，安全技术措施和组织措施未有效实施，工作负责人与作业人员间职责划分界面不清，未有效履行职责。

（3）危险点分析与控制流于形式，对重大危险点缺乏足够的认识，对现场的监督和部署不周密。

（4）人员调配和整体工作安排不到位，致使过程失去监督、控制。

3. 防范措施

（1）深刻吸取事故教训，高度重视安全生产工作，强化现场安全管理，强化危险点分析和控制，强化现场标准化作用，切实落实反事故安全技术措施和组织措施。

（2）加强"两措"管理，全面清查换流站现场的安全防护措施，对存在的安全隐患进行专项集中整治，确保安全防护措施齐全完备。

（3）强化"两票"管理，对已执行的工作票和操作票进行全面检查，对存在的漏洞进行严肃整改，进一步完善和落实各项安全措施。

（4）对换流站外包工程制定统一的管理标准，签订安全协议，明确安全职责；检修人员进场前，进行现场安全教育；开工前，进行现场安全交底；检修过程中，组织专人进行现场安全巡视，防范人员的不安全行为。

【案例三】220kV××变电站全停事故

1. 事故经过

事故前运行方式及接线：220kV××变电站220kV系统为双母线双分段、双母联带旁路接线，4回电源线，4回终端线，220kV系统正常情况下合环运行；3台主变正常方式运行；110kV系统为双母线、单分段带旁路接线，7回出线，正常情况下分列运行；35kV系统为双母线单分段接线，12回出线。

10月27日，220kV××变电站××1162回路进行断路器小修预试、电流互感器调换及线路隔离开关大修工作，由××送变电工程公司承接施工，工作票工作负责人为超高压公司检修西部的检修人员，经现场工作许可后于9时20分开始工作。工作负责人交代安全措施后，告知作业人员做起吊电流互感器的钢丝绳准备工作，××送变电工程公司施工人员刘××在监护人还在下层布置工作时，擅自扩大准备工作范围，误从上层走廊将钢丝绳施放至临近运行中的××1161线路间隔，先后触及1161 C相断路器线路侧和母线侧有电部位，分别造成1161线路（电缆线路无重合闸）和110kV副母故障，110kV母差保护动作后发生直流分屏上中央信号直流小开关跳闸，导致220kV母线电压互感器隔离开关切换直流电源失却，距离保护失压动作出口，致使××4101、4102、××4127、4128四回电源线先后跳闸，造成220kV××变电站全停。

经处理，10时15分，220kV母线进行清排。10时21分，4回220kV电源线路送电成功，母线恢复运行。10 时 59 分至 11 时 24 分，3 台 220kV 主变恢复运行，220kV、35kV 出线恢复运行。11 时 33 分，110kV 出线恢复运行。其他各受影响变电站均从 10 时 40 分左右开始逐步恢复送电，至 11 时 33 分全部恢复送电。

本次事故扩大的直接原因是直流分屏上中央信号电压切换直流小开关跳开所致。该小开关跳开导致从其上引接直流电源的 220kV 母线电压互感器隔离开关切换直流电源消失，从而引发 220kV 电压小母线失电，由于 CSL-101A 保护启动元件动作在第一次故障后均尚未返回，导致保护动作。检查分析认为，直流分屏上直流小开关跳开的原因是下属回路在本次故障过程中有短路等，导致电流过大，造成小开关跳闸。

2. 违章分析

（1）××送变电工程公司刘××等作业人员误将钢丝绳投入相邻有电的××1161 线路间隔，引发本次事故，违反生产变电典型违章库第 2 条超出作业范围未经审批，属于 I 类严重违章。

（2）220kV 馈线直流分屏上中央信号电压切换直流小开关跳闸，导致 220kV 距离保护失压，引发 4 回 220kV 电源线路跳闸，引起本次事故扩大。

（3）现场工作负责人现场监护不力，使作业人员刘××在缺失监护的情况下进行准备工作。

（4）作业人员刘××安全意识淡薄，擅自扩大准备工作范围。

（5）220kV 馈线直流分屏上中央信号光字牌端子设备老化，以致回路绝缘击穿，使小开关跳闸。

3. 防范措施

（1）加强对"三种人"，特别是工作负责人（监护人）的安全培训、教育和考试。进一步提高"三种人"的技术能力和安全能力，提升"三种人"的责任意识和安全意识。

（2）进一步加强现场工作安全管理，加大检查力度，切实提高工作现场的安全控制力度。

（3）淘汰目前的 110kV 设备起吊方式，优化施工方案，完善修复已经损坏的网门，选择合理的工器具，如短把杆、短架脚手架等。

（4）从 220kV 馈线直流分屏中，专设一路电源供电压切换直流小开关使用。

（5）立即调换 220kV 馈线直流分屏上中央信号电压切换直流小开关设备。对相同类型设备进行普查，安排计划进行调换。

【案例四】××供电公司"8·19"人身伤亡事故

8月19日8时30分，××供电公司所属的集体企业——××实业总公司变电工程分公司在××供电公司220kV××变电站改造工程消缺工作中，更换10kV I 段母线电压互感器时，发生触电事故，2人当场死亡、1人严重烧伤，医院抢救无效，伤者于8月27日13时死亡。该事故属于较大人身伤亡事故。

1. 事故经过

（1）事故前运行方式。

××220kV变电站1、2号主变压器并列运行；220kV系统，220kV I 、II 母并列运行；110kV系统，110kV I 、II 母并列运行，旁母冷备用；10kV系统，10kV I 、II 段母线并列运行。

（2）事故发生经过。

8月18日20时，220kV××变电站收到××实业总公司变电工程分公司检修班的变电第一种电子工作票，工作内容为"10kV I 段电压互感器更换"。

8月19日7时23分，变电站值班员根据地调指令完成操作，将10kV I 段母线电压互感器由运行转检修。

变电站运维人员按照工作票所填要求，拉出10kV I 段母线设备间隔9511小车至检修位置，断开电压互感器二次空开，在 I 段母线电压互感器柜悬挂"在此工作！"标示牌，在左右相邻柜门前后各挂红布幔和"止步，高压危险！"警示牌，现场没有实施接地措施。由于电压互感器位置在9511柜后，检修人员必须卸下柜后挡板才能验电，变电站运维人员（工作许可人）何××与工作负责人徐××等人一同到现场，仅对10kV I 段电压互感器进行了验电，验明电压互感器确无电压。7时50分，工作许可人何××许可了工作。工作负责人徐××带领工作班成员何××、袁××、汪××、石××4人，进入10kV高压室 I 段电压互感器间隔进行工作。工作分工是何××、石××在工作负责人徐××的监护下完成电压互感器更换工作，袁××、汪××在10kV高压室外整理设备包装箱。

第六章 典型违章举例与事故案例分析

8时30分，10kV高压室一声巨响，浓烟喷出，控制室消防系统报警，1号主变压器低压后备保护动作，分段931断路器跳闸，10kV侧901断路器跳闸。值班人员马上前往10kV高压室查看情况，高压室Ⅰ段电压互感器柜处现场有明火并伴有巨大浓烟，何××浑身着火跑出高压室，在高压室外整理包装箱的袁××、汪××帮助其灭火，变电站值班长邓××立即指挥本值员工灭火，但室内温度太高、浓烟太大无法进入高压室灭火。

8时35分，变电站人员拨打电话"120""119"求救。

8时40分左右，现场施工人员和运维人员再次冲入高压室内灭火和救人，发现徐××和石××在10kVⅠ段母线电压互感器柜内被电击死亡。

8时50分左右，120救护车到达现场，把烧伤的何××送往医院抢救，诊断烧伤面积接近100%，深度三级。何××于8月27日13时医治无效死亡。

2. 违章分析

（1）设备生产厂家未与需方沟通擅自更改设计，提供的设备实际一次接线与技术协议和设计图纸不一致。

根据设计要求，10kV母线电压互感器和避雷器均装设在10kV母线设备间隔中，上述设备的一次接线应接在母线设备间隔小车之后。生产厂家××科技股份有限公司在实际接线中，仅将10kV母线电压互感器接在母线设备间隔小车之后，将10kV避雷器直接连接在10kV母线上。实际接线变更后，生产厂家未将变更情况告知设计、施工、运行单位，导致拉开10kV母线电压互感器9511小车后，10kV避雷器仍然带电。由于电压互感器与避雷器共同安装在10kVⅠ段母线设备柜内，检修人员在工作过程中，触碰到带电的避雷器上部接线桩头，造成人员触电伤亡。

（2）技术管理不到位，设计、施工、监理单位存在的问题未能及时发现和整改。运行管理不严格，验收把关不严，未能及时发现10kV母线电压互感器柜内一次接线与设计不符的错误。

（3）现场工作负责人徐××作为开关设备安装工作负责人，直接参加了设备的交接验收和安装，对电压互感器柜内避雷器接线应清楚，但安全意识淡薄，现场作业过程中危险点分析和控制弱化；现场勘察不仔细，未发现同处一室的避雷器带电，对现场未采取明显的接地措施视而不见；在现场工作的组织者和监护者，其直接参与工作班工作，冒险组织作业，工作失职。工作班成员石××、何××，作为直接作业人，未发现同处一室的避雷器带电，相互关心和自我保护意识不强，监督《安规》和现场安全措施的实施不到位。

（4）工作票签发人彭××安全责任心差，工作履责不到位，现场勘察不够仔细，未发现主接线图与现场实际不相符，导致所签发的工作票中，对同处一室的避雷器未停电，接地措施不到位。

（5）220kV××变电站管理不严，安全生产执行缺位，变电站运维人员责任心不强，设备巡视检查不认真，维护工作不到位，未能及时发现厂家高压开关柜上接线图与变电站电气一次主接线图不符的问题。工作许可人何××对设备停电后的验电工作不到位，验电范围不全面，未能验明电压互感器柜内的避雷器带电，且未补充实施接地安全措施。

3. 防范措施

（1）该实业公司下发通知要求立即暂停对进入运行中的10kV~35kV母线设备柜内的试验、检修、消缺等一切柜内工作，组织对运行和基建、改造工程中的10kV~35kV母线设备柜进行专项检查。

（2）全面开展电网设备"图实相符"专项排查治理活动，以实现电网输变配电设备一次、二次接线图与现场实际"六相符"。

（3）该实业公司组织设计、运维、检试等技术人员进行讨论，确定避雷器直接连接于母线结构形式母线设备柜的整改方案，要求制造厂尽快提出改造方案和做好备料准备，当年年底前完成避雷器直接连接于母线结构形式母线设备柜的整改工作。

（4）严格设备验收和工程竣工验收把关程序，将"严禁采用避雷器直接连接于母线结构形式"写入10kV~35kV母线设备柜的招标采购标书和技术协议中，将10kV~35kV高压母线设备柜的一次接线列为工程验收的重点内容，做好试验报告内容核查工作。

（5）该实业公司近期就如何做好封闭式高压开关柜现场安全措施开展一次有针对性的培训，特别要加强对有关作业人员尤其是工作票"三种人"的安全规程、制度、技术等培训，并确保实效，明确各自安全职责，提高安全防护的能力和水平。由该实业公司组织考试，根据考试成绩重新确定和下发"三种人"名单。

【案例五】××供电公司"6·17"人身伤亡事故

1. 事故经过

6月16日21时至6月17日18时，安装分公司进行××变电站110kVⅡ×省线带××2号主变压器过渡方式恢复正常方式改接线工作，工作地点在Ⅱ×省线穿墙套外侧（即线路侧，位于高压室外）。6月17日17时50分，该工作结束。此时，110kVⅡ×省2开关在解备状态，Ⅱ×省2东刀闸母线侧带电。6月17日19时13分，安装分公司变电中心变电二班工作负责人孙×和国网××××公司变电运中心变电运维十班变电运维正值沈××在未办理任何手续的情况下，前往110kV高压Ⅱ×省2间隔，违规使用钢卷尺进行测量工作（非工作票所列作业内容），在钢卷尺近带电的母线引下线过程中发生放电，导致孙×触电死亡，沈××被烧伤。

6月17日19时16分，现场人员进入110kV高压室，对沈××进行施救，并拨打"120"急救电话。19时25分，急救中心人员到达现场，经检查，现场宣告孙×临床死亡，将沈××送至医院救治。

2. 事故原因

直接原因是6月17日19时13分，安装分公司工作负责人孙×在明知工作已终的情况下，未戴安全帽，擅自进入110kV高压室Ⅱ×省2间隔，并在带电设备周围违规使用钢卷尺（非工作票所列作业内容），在钢卷尺靠近Ⅱ×省2东刀闸母线侧导线时，带电的导线通过钢卷尺经孙×身体发生接地放电，导致孙×触电死亡。因接地放电引高温造成沈××工作服起火，导致沈××被烧伤。事故发生的间接原因是××××公司变电维中心人民运维班正值沈××，安装分公司工程管理部变电中心变电二班班长陈××，安装分公司工程管理部变电中心主任焦×，安装分公司工程管理部主任张×，安装分司五级职员张××（分管领导）、总经理杨××、党总支副书记高×，祥和集团副总经理孙×、董事长胡××，××××公司变电运维中心人民运维班班长谷×，××××公司变电运维中心主任靳×、党总支书记徐××，××××公司运维检修部主任景××履安全职责不到位等。

3. 暴露问题

事故发生后，国网安监部会同有关部门开展内部调查，并组织开展事故相关单位安全管理情况核查，分析梳理安全管理问题。核查发现，事故有关单位存在的主要问题如下所述。

（1）安全责任"明责"不到位。××××公司安全责任体系不完善，专业部门安全责任清单缺失项目安全管理职责；项目管理制度不完善，安全职责界面不清。××××公司与××集团之间未形成有效的安全生产协同管控机制，安全生产指导、管理和监督责任不明确。××集团专业部门职责缺少安全管理内容。

（2）技改项目管理有短板。××××公司项目管理组织设置不合理，任务安排不明确，项目安全技术交底、设备交接验收等阶段无业主安全履职痕迹，关键环节到岗到位制度执行不严。××××公司在推进项目过程中，未同步分析和部署安全工作要求、重点安全风险和防控措施，对作业现场安全管控不到位，存在"重进度、轻安全"的倾向。

（3）产业安全基础不牢固。××集团未建立安委会决议事项闭环跟踪机制，安委会决策和督办作用发挥不足。对安全目标的制定缺乏细致考量，考核落地困难。安全费用计划监管不严格，常规安全费用与工程安全费用统计混杂，安全费用项目未明确到班组，无法跟踪闭环。安全教育培训机制不完善、培训计划内容不具体，未制定合理的违章处罚标准，未落实违章记分考核要求。

（4）"四个管住"执行不到位。××集团计划延期后安全风险未及时公示告知，"两票三制"执行不规范，工作票中工作地点、带电部位等关键内容不准确。运行、检修人员安全意识淡薄，风险辨识能力、安全技能存在不足，员工安全教育和标准化作业培训需加强。××集团作业现场执行"十八项"反措不严格，带电区域隔离等关键安全措施缺失。

（5）依法合规意识不强。事故单位人员违反公司《电力安全生产事故调查规程》安全信息报送工作要求，未在规定时间内将相关事故信息报送至公司总部。

4. 防范措施

（1）提高对安全生产极端重要性的认识。要认真学习领会习近平关于安全生产重要论述及指示批示精神，从讲政治、讲党性、讲大局和践行"四个意识"的高度，深刻认识安全生产的重要性，牢固树立"人民至上、生命至上"理念，坚守发展决不能以牺牲安全为代价这条不可逾越的红线，真正把安全生产排在各项工作前列，以严、细、实的作风和有力的举措抓安全、保安全，建立安全生产良好氛围，保障安全生产稳定局面。

（2）健全安全责任体系。按照"管业务必须管安全"要求，全面梳理专业部门安全管理责任，完善安全责任清单和项目管理规章制度，将项目安全责任分解到部门和岗位。落实"谁主办谁负责"和同质化管理要求，梳理排查产业主办单位管理职责不清等问题，理顺主办单位、平台公司和所属分（子）公司专业管理关系，细化主办单位对产业单位的综合管理和专业管理职责，加强过程管控，强化执行监督考核，确保管理模式适应省管产业体制机制改革需要。

（3）强化技改项目安全管理。细化修订相关制度标准，针对大型、复杂技改工程，优化项目组织管理体系，增强建设管理力量，强化项目前期准备、开工实施、现场管控、竣工验收等各环节安全管控措施的部署和落实，健全项目日常管理机制，规范技改项目组织和全流程管理。

（4）夯实省管产业安全管理基础。强化双重预防机制建设和运转，规范安委会会议安全教育培训、安全费用管理等安全生产例行工作。扎实推进安全生产专项整治三年行动、"聚一线、盯现场、防事故"安全专项活动，认真落实 2021 年省管产业安全监督工作要点。切实加强反违章管理，提升全员安全意识和业务技能，营造良性安全生态。加大省管产业单位科技支撑力度。

（5）强化"四个管住"执行落实。加快"一平台、一终端、一中心、一队伍"建设应用，严格开展"四个管住"评价工作，保障"四个管住"有效落地。强化作业计划管理和"两票三制"执行，对"三措一案"的编审批和风险管控严格督查，切实抓好关键环节和重要工序风险管控。强化安全教育培训针对性，加强运维、作业人员《安规》等安全和专业技能培训，提升员工安全技能素质。持续开展"四不两直"安全督察，对严重违章按照安全事件惩处，开展安全警示教育，保障现场作业安全有序。

（6）严格事故信息报送。强化全员遵纪守法意识，发生安全事故要按要求及时向地方政府部门和行业监督部门报告，同时逐级向本单位的上级单位报告、坚决杜绝迟报、漏报、谎报、瞒报。

第七章 班组安全管理

第一节 班组建设标准

一、班组建设基本要求

施工作业层班组（以下简称"班组"）是指在输变电工程施工中，具备独立完成相应作业能力，在施工项目部（以下简称"项目部"）的直接管理下开展作业的基本施工组织单元。输变电工程施工现场，无论采取哪种作业方式（施工单位自行组织作业、劳务分包作业或专业分包作业），均应组建作业层班组。

1. 基本岗位设置

原则上，作业层班组均应设置班组负责人、班组安全员、班组技术员；现场作业人员可按专业设置高空作业、起重操作、测量、机械操作、二次接线、二次调试等技能岗位，其余均为一般作业岗位。

2. 基本组织架构

班组组建应采取"班组骨干＋班组技能人员＋一般作业人员"的模式。其中，班组骨干为班组的负责人、安全员和技术员，班组技能人员包括核心分包人员，一般作业人员包括一般分包人员。班组在实际作业过程中，如需安排班组成员进行其他作业（如运输），班组负责人需指定作业面监护人，并在每日站班会记录中予以明确。班组负责人必须对同一时间实施的所有作业面进行有效掌控，一个班组同一时间只能执行一项三级及以上风险作业。

二、变电班组组建原则

（一）变电班组可由施工单位结合实际采取柔性建制模式或流水作业模式组建

1. 变电柔性作业层班组建设原则

在同一个变电站区域内，至少应有一个班组，下设若干作业面，班组负责人需在每个作业面指定作业面监护人，并在每日站班会记录中予以明确。根据工程进度和专业施工情况，项目部主导可对班组进行柔性整合或分建，确保所有作业点的安全质量管控。

2. 变电流水作业层班组建设原则

施工单位结合自身实际，组建稳定的、成建制的专业化作业班组，如桩基作业班组、混凝土作业班组、砌筑作业班组、装修装饰作业班组、钢结构安装作业班组、电气安装一次作业班组、电气安装二次作业班组、调试作业班组等。变电站内实施流水作业，项目部组织相关专业化班组按施工进度依次进退场，完成施工作业。

（二）人员及工种配置要求

根据不同的施工专业、不同电压等级、不同作业条件（含作业环境、地质条件、施工装备等），围绕班组作业人员及工种配置标准，提出以下参考数据，现场可根据工程实际适当调整。班组人员均应纳入"e基建"实名制管控。其中，班组教育与培训、班组驻地建设要求详见《国家电网有限公司输变电工程建设施工作业层班组建设标准化手册》（基建安质〔2021〕26号）。

1. 变电站电气安装二次作业班组人员及工种配置参考标准（见表7-1）

表7-1 二次作业班组人员及工种配置

岗位分类	人数	备注	岗位分类	人数	备注
负责人	1		二次接线工	≥2	
安全员	≥1		防火封堵人员	≥2	
技术员	1		普工	若干	

2. 人员任职资格条件（见表7-2）

表7-2　人员任职资格条件

岗位	任职条件
班组负责人	①具有5年及以上现场作业实践经验和一定的组织协调能力，能够全面组织指挥现场施工作业。 ②能够对施工单位负责，有效管控班组其他成员作业行为。 ③能够准确识别现场安全风险，及时排除现场事故隐患，纠正作业人员不安全行为。 ④掌握"三算四验五禁止"安全强制措施，严格落实"在有限空间内作业，禁止不配备使用有害气体检测装置"等安全强制措施要求。 ⑤熟悉现场作业环境和流程，能够有效掌握班组作业人员的作业能力及身体、精神状况。
班组安全员	①具有3年以上现场作业实践经验，熟悉现场安全管理要求。 ②能够准确识别现场安全作业风险、抓实现场安全风险管控，能够在作业过程中监督作业人员作业行为，及时纠正被监护人员不安全行为。 ③监护期间不得从事其他作业。 ④熟悉"三算四验五禁止"安全强制措施，具备对拉线、地锚、索道、地脚螺栓等验收的能力。
班组技术员	①具有一个以上工程现场作业实践经验，熟悉现场作业技术要求、标准工艺、质量标准。 ②具备掌握施工图纸、组织作业人员按要求施工能力。 ③具备现场施工技术管理、开展施工班组级质量自检的能力。 ④熟悉"三算四验五禁止"安全强制措施，能够参与施工方案编制，会对拉线受力、地锚受力、近电作业等距离进行计算。
副班长	①具备组织指挥现场施工作业能力。 ②通过施工单位技能鉴定、安全培训考试并持证上岗。
作业面监护人	①熟悉现场安全管理要求，能够识别现场安全作业风险、抓实现场安全风险管控，能够在作业过程中监督作业人员作业行为，及时纠正不安全行为。 ②通过施工单位安全培训考试后，持证上岗。 ③监护期间不得从事其他作业。
班组技能人员	①服从指挥，熟悉现场安全质量管理要求。 ②特种作业人员、特种设备操作人员应持相关领域有效证件持证上岗。 ③测量员、机械操作工（如绞磨操作、牵张机操作等）、压接工、高压试验工、二次接线工、二次调试人员等技能工种应通过施工单位培训考核并持证上岗。
一般作业人员	①服从指挥，熟悉施工作业一般安全质量管理要求。 ②个人身体健康、体检合格，安全考试合格。

（三）班组岗位职责

1. 班组负责人

（1）负责班组日常管理工作，对施工班组（队）人员在施工过程中的安全与职业健康负直接管理责任。

（2）负责工程具体作业的管理工作，履行施工合同及安全协议中承诺的安全责任。

（3）负责执行上级有关输变电工程建设安全质量的规程、规定、制度及安全施工措施，纠正并查处违章违纪行为。

（4）负责新进人员和变换工种人员上岗前的班组级安全教育，确保所有人经过安全准入。

（5）组织班组人员开展风险复核，落实风险预控措施，负责分项工程开工前的安全文明施工条件检查确认。

（6）掌握"三算四验五禁止"安全强制措施内容，对作业中涉及的"五禁止"内容负责。

（7）负责"e基建"中"日一本账"计划填报；负责使用"e基建"填写施工作业票，全面执行经审批的作业票。

（8）负责组织召开"每日站班会"，作业前进行施工任务分工及安全技术交底，不得安排未参加交底或未在作业票上签字的人员上岗作业。

（9）配合工程安全、质量事件调查，参加事件原因分析，落实处理意见，及时改进相关工作。

2. 班组安全员

（1）负责人组织学习贯彻输变电工程建设安全工作规程、规定和上级有关安全工作的指示与要求。

（2）协助班组负责人进行班组安全建设，开展安全活动。

（3）掌握"三算四验五禁止"安全强制措施内容，对作业中涉及的"四验"内容负责。

（4）负责施工作业票班组级审核，监督经审批的作业票安全技术措施落实。

（5）负责审查施工人员进出场健康状态，检查作业现场安全措施落实，监督施工作业层班组开展作业前的安全技术措施交底。

（6）负责施工机具、材料进场安全检查，负责日常安全检查，开展隐患排查和反违章活动，督促问题整改。

（7）负责检查作业场所的安全文明施工状况，督促班组人员正确使用安全防护用品和用具。

（8）参加安全事故调查、分析，提出事故处理初步意见，提出防范事故对策，监督整改措施的落实。

3. 班组技术员

（1）负责组织班组人员进行安全、技术、质量及标准化工艺学习，执行上级有关安全技术的规程、规定、制度及施工措施。

（2）掌握"三算四验五禁止"安全强制措施内容，对作业中涉及的"三算"内容负责。

（3）负责本班组技术和质量管理工作，组织本班组落实技术文件及施工方案要求。

（4）参与现场风险复测、单基策划及方案编制。

（5）组织落实本班组人员刚性执行施工方案、安全管控措施。

（6）负责班组自检，整理各种施工记录，审查资料的正确性。

（7）负责班组前道工序质量检查、施工过程质量控制，对检查出的质量缺陷上报负责人安排作业人员处理，对质量问题处理结果检查闭环，配合项目部组织的验收工作。

（8）参加质量事故调查、分析，提出事故处理初步意见，提出防范事故对策，监督整改措施的落实。

4. 班组其他人员职责

（1）自觉遵守本岗位工作相关的安全规程、规定，取得相应的资质证书，不违章作业。

（2）正确使用安全防护用品、工器具，并在使用前进行外观完好性检查。

（3）参加作业前的安全技术交底，并在施工作业票上签字。

（4）有权拒绝违章指挥和强令冒险作业；在发现直接危及人身、电网和设备安全的紧急情况时，有权停止作业。

（5）施工中发现安全隐患应妥善处理或向上级报告；及时制止他人不安全作业行为。

（6）在发生危及人身安全的紧急情况时，立即停止作业或者在采取必要的应急措施后撤离危险区域，第一时间报告班组负责人。

（7）接受事件调查时应如实反映情况。

第二节　班组日常安全管理

一、班组人员进（出）场管理

（1）进入作业现场的班组应响应招标要求，现场实际入场人员如与中标承诺或施工合同内人员不一致，应将变更人员清单及资质书面报监理和业主项目部审查。监理、业主项目部应加强班组骨干的入场审核，重点审核是否已与信息平台发布信息及分包合同承诺一致、是否同时在其他工程兼职，对于不满足要求的不允许进场。

（2）工程开工前、班组全员到位后，班组负责人组织开展班组成员面部信息采集工作。依托"e基建"对所有班组成员与作业人员信息库进行匹配，实现手机扫脸签名（现场扫脸即可转化为电子签名）。新进班组人员必须按流程及时采集入库。未按要求完成班组成员信息关联固化的，无法参加施工作业票、站班会、日常作业及考勤。

（3）班组核心人员及一般作业人员如需调整，应征得项目部同意；班组骨干人员如需调整，由项目部履行变更报审手续，经监理项目部审核批后，及时在系统中办理人员进出场相关手续，驻队监理应全程掌握班组人员进（出）信息。

（4）班组人员全面实施实名制管控，必须在公司统一的实名制作业人员信息库中。所有作业人员必须按要求签订劳动合同，购买保险，且体检合格，严禁使用非库内人员。外包队伍管理按《国家电网公司业务外包安全监督管理办法》执行，按照"谁发布、谁使用、谁负责"的原则，由各省公司自行规定外包队伍的准入条件。

（5）班组施工结束，需经项目部同意，在"e基建"中履行退场手续，否则无法在其他工程录入关联信息。

二、入场培训及交底

班组所有作业人员均需参加省公司统一的安全准入考试，合格后方可上岗。凡增补或更换作业人员，根据其岗位，在上岗前必须通过相应安全教育考试，入场考试不合格的作业层班组人员严禁进入施工现场进行作业。

1. 进场培训

（1）由各省公司级单位组织对班组人员实施考试合格准入，准入考试不替代岗前培训考试。

（2）岗前培训考试作为进入施工作业现场入场考试的前提条件，是在各施工单位履行法定培训要求的基础上开展的培训考试。

（3）工程开工、转序、新班组入场前，由监理对培训情况进行核实，岗前培训考试合格的班组人员方可进场开展作业。

2. 过程培训

（1）项目部根据需要，适时组织开展安全教育培训和岗位练兵活动，增强作业人员的安全意识、安全操作技能和自我保护能力，业主项目部、监理项目部进行监督。

（2）班组负责人组织班组全员进行安全学习，执行上级有关输变电工程建设安全质量的规程、规定、制度及安全施工措施，并负责新进人员和变换工种人员上岗前的班组级安全教育，并记录在班组日志中。

（3）特种作业人员必须按照国家有关规定经专门的安全作业培训，取得相应资格，经过项目部岗前培训交底后方可上岗作业；离开特种作业岗位6个月的作业人员，应重新进行实际操作考试，经确认合格后方可上岗作业。

（4）班组全体成员需参与项目部级安全事故学习活动，并填写在安全活动记录中。所有作业人员应学会自救互救方法、疏散和现场紧急情况的处理，所有员工应掌握消防器材的使用方法。

3. 施工方案及交底

（1）施工方案必须严格履行相应的编审批手续，班组技术员参与施工方案编写。

（2）项目部负责对班组骨干进行安全技术及施工方案交底，交代施工工艺、质量、安全及进度要求。

（3）班组骨干负责对班组成员施工过程的工艺、安全、质量等要求进行交底，班组级交底可通过宣读作业票实施。

三、作业计划管控

（1）班组负责人根据项目部交底、施工方案及作业指导书，结合施工安

第七章 班组安全管理

全风险复测，提前在"e基建"编制施工作业票，明确人员分工、注意事项及补充控制措施，提交流转至审核人处（A票由班组安全员、技术员审核，B票由项目部安全员、技术员审核）；审核人确认无误后，提交流转至作业票签发人（A票项目总工，B票施工项目经理）；B票签发后还需报监理审核，如属二级风险作业还需推送至业主项目部审核。

（2）施工作业票完成线上审批流程后，班组负责人需确认作业条件。确定人员、机械设备、材料均已到位，现场无恶劣天气、民事问题等干扰因素后，一般应于作业前一天在"e基建"中发起作业许可申请，报送"日一本账"计划。确认无误后，同步推送至各级管理人员"e基建"。

（3）班组负责人要全程掌握作业计划发布、执行准备和实施情况，无计划不作业，无票不作业。

（4）作业过程中如遇极端天气、民事阻挠等情况导致停工，班组负责人可在"e基建"中进行"作业延期"，同步推送各级管理人员"e基建"。

四、作业风险管控

（1）每日作业前，班组负责人根据当日作业情况填写"每日站班会及风险控制措施检查记录"，组织班组人员召开站班会，按要求开展"三交三查"，交代当日主要工作内容，明确当日作业分工，提醒作业注意事项，落实安全防护措施，班组负责人要做到脱稿交底。交底过程全程录音存档，所有人员在"e基建"签名，自动形成当日考勤记录。

（2）三级及以上风险应实施远程视频监控，班组负责人负责按照相关规定，在合适位置设置移动远程视频监控装置。

（3）作业过程中，班组安全员（作业面监护人）需对涉及拆除作业、超长抱杆、深基坑、索道、水上作业、反向拉线、不停电跨越、近电作业等已经发生过的事故类似作业和特殊气象环境、特殊地理条件下的作业，严格落实安全强制措施管理要求，坚决避免触碰"五条红线"。

（4）作业过程中，班组安全员（作业面监护人）需对施工现场安全风险控制措施进行复核、检查，在作业过程中纠正班组人员的违章作业行为。

（5）三级及以上风险作业现场，班组负责人须全程到岗监督指挥，班组安全员到岗监护，驻队监理到岗旁站，各级管理人员严格落实《输变电工程建设安全管理规定》中到岗到位要求。

（6）当日收工前，班组骨干组织进行自查，重点检查拉线、地锚是否牢靠，用电设备、施工工器具是否收回整理，是否做好防雨淋等保护措施；配电箱等是否已断电，杆上有无遗留可能坠落的物件，留守看夜人员是否到位，值班棚是否牢固，是否存在煤气中毒等隐患，施工作业区域是否做到"工完料尽场地清"，并对撤离人员进行清点核对（"e基建"中）。

（7）每日作业结束后，班组负责人应确认全部人员安全返回，向项目部报告安全管理情况。总结分析填写当日施工内容及进度、现场安全控制措施落实情况及次日施工安排等。

五、安全文明施工管理

（1）施工单位和专业分包队伍应严格落实《输变电工程建设安全文明施工规程》要求，为班组提供相应的安全文明施工设施，规范作业人员行为，倡导绿色环保施工，保障作业人员的安全健康。

（2）班组应设置好现场安全文明施工标准化的设施，并严格按照文明施工要求组织施工。

（3）发生环境污染事件后，班组负责人应立即向项目部报告，采取措施，可靠处理；当发现施工中存在环境污染事故隐患时，应暂停施工并汇报项目部。

六、施工机械及工器具管理

（1）项目部严格按照施工方案要求，向施工单位（专业分包由专业分包单位负责）申请并选配施工机械及工器具（以下简称"施工机具"）。

（2）班组安全员负责对施工机具进行进场前检查，检查中发现有缺陷的机具应禁止使用，及时标注并向项目部申请退换。

（3）班组应建立施工机具领用及退库台账，同时建立日常管理台账，每日作业前应进行施工机具安全检查。

（4）机械设备（包括绞磨、压接机等）严禁未经培训取证人员随意操作，不可随意拆卸、更换，严格按操作规程操作。

（5）班组负责人指定专人集中保管施工机具，负责日常维护保养，对正常磨损及自行不能保养、维修的由班组向项目部提出申请进行更换及保养。

七、班组应急管理

1. 班组应急管理要求

（1）施工单位、专业分包单位应将班组纳入项目部应急工作组，参加应急演练，参与应急救援。施工现场应配备急救器材、常用药品箱等应急救援物资，施工车辆宜配备医药箱，并定期检查其有效期限，及时更换补充。

（2）班组人员应参加项目部组织的应急管理培训，全员学习"紧急救护法"，会正确解脱电源，会"心肺复苏法"，会止血、会包扎，会转移搬运伤员，会处理急救外伤或中毒等。

2. 班组应急组织流程

（1）突发事件发生后，班组人员应立即向班组负责人报告，班组负责人立即下令停止作业，即时向项目负责人汇报突发事件发生的原因、地点和人员伤亡等情况。

（2）班组负责人在项目部应急工作组的指挥下，在保证自身安全的前提下，组织应急救援人员迅速开展营救并疏散、撤离相关人员，控制现场危险源，封锁、标明危险区域，采取必要措施消除可能导致次（衍）生事故的隐患，直至应急响应结束。

（3）应急救援人员实施救援时，应当做好自身防护，佩戴必要的呼吸器具、救援器材。

（4）应急处置过程中，如发现有人身伤亡情况，要结合人员伤情程度，对照现场应急工作联络图，及时联系距事发点最近的医疗机构（至少两家），分别送往救治。

（5）配合项目部做好相关人员的安抚、善后工作。

八、班组其他要求

1. 机动车运输

线路班组应配备接送人员上下班的专用载人车辆（宜租用中巴车），车辆购置或租用手续应完备，车况应良好，年检应合格有效，车上必须配备灭火器；司机须持有符合规定的驾照，且体检合格。车辆使用过程中严禁人货混装，严禁超员超载。变电站班组根据实际情况，如需配备专用载人车辆，必须严格执行上述要求。

2. 水上运输

班组如需使用船舶，应遵循水运管理部门或海事管理机构有关规定。班组使用的船舶应安全可靠，船舶上应配备救生设备，并签订安全协议。使用船舶接送班组人员禁止超载超员，船上应配备合格齐备的救生设备。班组人员应正确穿戴救生衣，掌握必要的安全常识，熟练使用救生设备。

3. 防疫要求

（1）项目部应对进场作业人员活动轨迹进行排查，作业人员进场前应汇总上报进场人员信息，若发现与确诊、疑似病例或与疫情高发区归来人员有密切接触的，应立即隔离，不予入场，并立即报告属地社区、街道（乡镇）相关部门。

（2）要严格落实参建人员实名制管控要求，组织对进场人员进行实名登记，最大限度地减少现场人员流动；对所有进入现场人员一律测量体温，发烧、咳嗽等症状者禁止进入工地；确保做到"早发现、早报告、早隔离、早处置"。

（3）班组需配备齐全的疫情防控物资，包括口罩、体温监测仪、消毒物资等，避免无防护措施施工作业情况发生。

（4）班组成员应尽快完成新冠疫苗接种工作。

附 录

附录 A 现场标准化作业指导书（现场执行卡）范例

××变电站微机型 35kV/110kV 线路保护装置投产及全部校验作业指导书

（范本）

编写：_____ ____年___月___日
审核：_____ ____年___月___日
批准：_____ ____年___月___日
作业负责人：_____

作业日期　　年　月　日　时至　　年　月　日　时

××变电站微机型 35kV/110kV 线路保护装置投产及全部校验作业指导书

开工前，工作负责人检查所有工作人员是否正确使用劳保用品，并由工作负责人带领进入作业现场。在工作现场，工作负责人向所有工作人员详细交代作业任务、安全措施和安全注意事项、设备状态及人员分工，全体工作人员应明确作业范围、进度要求等内容，并签字确认。

1. 范围

本指导书适用于××电力建设有限责任公司安装的微机型 35kV/110kV 线路保护装置投产及全部校验。

2. 引用文件

下列标准及技术资料所包含的条文，通过在本作业指导书中的引用，成为本作业指导书的条文。本作业指导书出版时，所有版本均为有效。所有标准及技术资料都会被修订，使用本作业指导书的各方应探讨使用下列标准及技术资料最新版本的可能性。

3. 检修电源的使用

检修电源使用标准及注意事项如表 A-1 所示。

表 A-1 检修电源使用标准及注意事项

√	序号	内容	标准及注意事项	责任人签字
	1	检修电源接取位置	从就近检修电源箱接取；在保护室内工作，保护室内有继保专用试验电源屏，故检修电源必须接至继保专用试验电源屏的相关电源接线端子，且在工作现场电源引入处配置有明显断开点的刀闸和漏电保护器	
	2	接取电源	接取电源前应先验电，用万用表确认电源电压等级和电源类型无误后，先接刀闸处，再接电源侧；接取电源时由继电保护人员接取	

4. 工作内容及方法、工艺标准

工作内容及方法、工艺标准如表 A-2 所示。

表 A-2 工作内容及方法、工艺标准

*	序号	检修内容	检验方法及工艺标准	安全措施及注意事项
	1	根据所填二次工作安全措施票完成安措	根据"二次工作安全措施票"的要求，完成安措并逐项打上已执行的标记，并把各压板断开	做安全技术措施前应认真检查二次工作安全措施票和实际接线及图纸是否一致
	2	保护屏检查、清扫及插件外观检查		
	2.1	保护屏检查及清扫	保护屏及装置外壳应清洁无积灰，面板应完好无损，各部件安装牢固	检查前应关闭直流电源，断开交流电压回路；插拔插件前应先采用人体防静电接地措施
	2.2	装置插件检查	①保护装置的硬件配置、标注及接线等应符合图纸要求 ②保护装置各插件的外观质量、焊接质量应良好，所有芯片应插紧，型号正确，芯片放置应正确 ③检查保护装置的背板接线有无断线、短路和焊接不良等现象 ④核查逆变电源插件的额定工作电压 ⑤电子元件、印刷线路、焊点等导电部分与金属框架间距应大于3mm ⑥保护装置的各部件固定良好，无松动现象，装置外形应端正，无明显损坏及变形现象 ⑦各插件应插紧、拔灵活，各插件和插座之间定位良好，插入深度合适 ⑧保护装置的端子排连接应可靠，目标号应清晰正确 ⑨切换开关、按钮、键盘等应操作灵活，手感良好 ⑩各部件应清洁良好	
	2.3	接线检查	保护屏及装置外壳应清洁无积灰，面板应完好无损，各部件安装牢固，接线端子应拧紧，目标号应清晰正确，接线应无机械损伤，内部及背板接线应与出厂图纸完全相符	
	2.4	微型断路器检查	检查各微型断路器分合是否灵活，接点接触是否可靠	

续表

序号	检修内容	检验方法及工艺标准	安全措施及注意事项
3	压板检查	①跳闸连接片的开口端应装在上方,接至断路器的跳闸线圈回路 ②跳闸连接片在落下过程中必须碰到相邻跳闸连接片有足够的距离,以保证操作跳闸连接片时不会碰到相邻的跳闸连接片 ③检查并保证跳闸连接片在拧紧螺栓后能可靠地接通回路,且不会接地 ④穿过保护屏的跳闸连接片导电杆必须有绝缘套,并距屏孔有明显距离	防止直流回路短路、接地
4	屏蔽接地检查	①保护引入、引出电缆层必须用屏蔽电缆 ②屏蔽电缆的屏蔽层必须两端接地 ③保护屏底部的下面应构造一个专用的接地铜网格,各保护屏的专用接地端子用大于6mm²截面铜绞线连接到此铜网格上	工作中应防止跑错间隔
5	绝缘检查	①试验前准备工作如下: a)保护屏上各连接片置"投入"位置,重合闸方式切换开关置"停用"位置(联跳压板不能投入) b)断开直流电源、交流电压等回路 c)在保护屏端子排内侧分别短接交流电压回路端子、交流电流回路端子、直流电源回路端子、跳闸回路端子,开关量输入回路端子,并断开保护装置与收发信机及其他远动接口回路端子及信号回路端子 ②分组回路绝缘电阻检测。采用1000V绝缘电阻表分别测量各组回路间及各组回路对地的绝缘电阻,绝缘电阻均应大于1MΩ ③整个二次回路的绝缘电阻检测。在保护屏端子排处将所有电流、电压及直流回路端子连接在一起,并将电流回路的接地点拆开,用1000V绝缘电阻表测量整个回路对地的绝缘电阻,其他绝缘电阻应大于1MΩ (注:在测量某一组回路对地绝缘电阻时,应将其他各组回路都接地)	摇测前必须将插件拔出,断开交流、直流电源,拆除回路接地点,并通知有关人员暂时停止回路上的一切工作。注意:绝缘摇测结束后应立即放电,恢复接线

126

附 录

续表

序号	检修内容	检验方法及工艺标准	安全措施及注意事项
* 6	断路器操作箱小中间继电器校验	①要求线圈接强电回路中的继电器的动作电压不大于70%的额定电压 ②线圈接于弱电回路的继电器，要求动作值不大于90%的额定电压，返回电压要求不小于10%的额定值 ③防跳继电器电流动作值大于20%，小于50%额定电流 ④出口继电器要求满足：$50\%U_E < U_{DZ} < 70\%U_E$，返回系数不小于0.6	小中间继电器校验应尽量按回路校验
7	逆变电源测试		
7.1	检查电源的自启动性能	合上直流电源插件上的电源开关，试验直流电源由零缓慢调至80%额定值，此时该插件上的电源指示灯应亮，然后，合一次直流电源开关，电源指示灯应亮	在测试逆变电源过程中严禁直流短路接地
7.2	检验输出电压值的稳定性	直流电压分别在100%额定电压值时，用万用表测量各级输出电压，要求在100%额定电压值时，各级电压应保持稳定，要求值：+5V±0.2V；±15V±2V；+24V±2V	
7.3	逆变电源的直流拉合试验	直流电源调至80%额定电压，保护装置上应无任何告警信号，在电流、电压回路加上额定的电流电压值，在拉合过程中合上和监控台上的开关不跳闸，直流电源拉合试验，在保护装置上和监控台上无保护动作信号	在测试逆变电源过程中严禁直流短路接地
8	通电初步检查		
8.1	保护装置的通电自检	保护装置通电后，先进行全面自检。自检通过后，装置运行灯亮。除可能发"TV断线（异常）"信号外，应无其他异常信息。此时，液晶显示屏应出现短时的全亮状态，表明液晶显示屏完好	

127

续表

序号	检修内容	检验方法及工艺标准	安全措施及注意事项
8.2	检验打印机和键盘	将打印机与微机保护装置的通信电缆连接好，并合上打印机电源。保护装置在运行状态下，按保护柜（屏）上的"打印"按钮，打印机便自动打印出保护装置的动作报告、定值报告和自检报告，表明打印机与微机保护装置连机成功	
8.3	时钟的检查	①保护装置的时钟每24h误差应小于10s ②当装置使用GPS对时功能时，应测试装置时间与GPS时间同步功能及时间差 ③通过通信报文对时，对时精度为10ms左右 ④通过接收GPS硬件对时脉冲方式进行对时，对时精度为1ms	
8.4	保护失电功能检查	整定值的失电保护功能可通过断、合逆变电源开关的方法检验，保护装置的整定值在直流电源失电后不会丢失或改变，走时应正确	
8.5	软件版本的检查	进入保护装置主菜单中的"程序版本"，查对软件版本与设计图纸定本上要求一致。应该对程序校验码均正确	
9	开关量输入检查	依次进行开入量的输入和断开，同时监视液晶屏幕上显示的开入量变位情况	
10	检验各出口回路	①压板投放投"距离保护压板"投"零序保护压板"置1，投"闭锁重合闸压板"闭锁重合闸功能 ②模拟各类故障	
11	电流电压精度检查		
11.1	检验零点漂移	检验时要求保护装置不输入交流量（即电压回路短接、电流回路开路），上电5min后才可进行该项检查。要求在一段时间（几分钟）内，电流通道零漂值应<0.1A（5A额定值TA）或<0.02A（1A额定值TA），电压通道零漂值应<0.1V	
*			

续表

序号	检修内容	检验方法及工艺标准	安全措施及注意事项
11.2	检验电流、电压的幅值特性	①在保护屏端子排上短接 I_a、I_b、I_c、$3I_0$，在端子上分别接试验设备的 Ia、Ib、Ic、In、Ua、Ub、Uc、Un，用同时加三相电压和三相电流的方法检验三相电压和三相电流各保护模件的采样数据。进入保护装置交流测试菜单，以便分别检验各保护模件的电流和电压值（即 I_a、I_b、I_c、$3I_0$、U_a、U_b、U_c、$3U_0$） ②调整输入交流电压为60V、30V、5V、1V，电流0.1I_n、I_n、2I_n、5I_n，要求保护装置的采样显示值与外部表计测量值的误差应小于5%	
11.3	模拟量输入的相位特性检验	在额定电压和电流0.1I_n时，记录0°、120°相角测量值，要求误差不大于3°。在试验过程中，如果交流量的测量误差超过要求范围时，应首先检查额定交流电流是5A还是1A的控制字选择是否和面板上标识的TA电流相符，再检查试验接线，试验方法，外部测量表计等是否正确完好，试验电流有无波形畸变，不可急于更换保护装置中的插件	
12	线路保护装置校验		
12.1	保护定值校验	定值校验前准备工作： ①保护装置先置于运行状态，将三相电压加至装置的 Ia、Ib、Ic、In，三相电压加至装置 Ua、Ub、Uc、Un ②将装置背板端子排上的闸三相试验点接至装置的 Ta、Tb、Tc、Tn 引入空接点上，将装置背板端子排上合闸接点（若有引出线接除）接至保护装置三相合闸空接点引入端子上 ③为确保故障选相及测距的有效性，试验时请确保试验仪在收到保护跳闸命令20ms后再切除故障电流	

129

续表

序号	检修内容	检验方法及工艺标准	安全措施及注意事项
12.1.1*	光差保护定值校验	①装置用尾纤自环，仅投主保护（差动保护）压板。分别模拟 A 相、B 相、C 相单相瞬时区内故障 ②要求做 105% 整定值和 95% 整定值两种情况下试验，在 105% 整定值时应可靠动作，在 95% 整定值时应可靠不动作	
12.1.2	零序电流保护校验	投入零序保护压板。 ①分别模拟 A 相、B 相、C 相单相接地瞬时故障，模拟故障电压 U=50V，模拟故障时间应大于零序相应段保护的动作时间，相角为灵敏角，模拟故障电流为：I=mIn 式中：m——系数，其值分别为 0.95、1.05 及 1.2； In——分别表示零序 I、II、III、IV 段定值，n=1、2、3、4。 零序任一段定值保证 1.05 倍定值（大于 0.2In）时可靠动作；0.95 倍定值时可靠不动作。在 1.2 倍定值下保护可靠动作（注：当零序定值在 0.2In 及 0.2In 以下时，1.2 倍模拟故障电流的值，分别测量各段保护的动作时间） ②试验方法同上：在非全相状态下，分别模拟 A 相、B 相、C 相单相接地瞬时故障，模拟故障电压 U=50V，模拟故障时间应大于零序不灵敏相应段保护的动作时间，相角为灵敏角，模拟故障电流为：I=mIn 式中：m——系数，其值分别为 0.95、1.05 及 1.2； In——零序不灵敏 I、II 段电流定值，n=1、2。 零序不灵敏任一段保护应保证 1.05 倍定值（大于 0.2In）时可靠动作；0.95 倍定值时可靠不动作。在 1.2 倍定值时，测量保护动作时间	
12.1.3	距离保护定值校验	略	

续表

序号	检修内容	检验方法及工艺标准	安全措施及注意事项
* 12.1.4	交流电压回路断线时过流保护检验	①距离保护投压板均投入 ②模拟故障电压量不加（等于零），模拟故障时间应大于交流电压回路断线时过电流延时定值和零序过流延时定值 ③在交流电压回路断线后，加模拟故障电流，过流保护在故障电流为1.05倍定值时应可靠动作，在0.95倍定值时可靠不动作	
12.1.5	合闸于故障时零序加速段保护检验	①在模拟故障的同时，须将TWJ接点返回 ②模拟手合单相接地故障，故障时间大于零序加速段时间定值 ③手合或重合于故障线零序电流保护在零序加速段电流为1.05倍定值时可靠动作，0.95倍定值时可靠不动作	
12.2	整组动作时间测试	略	
12.3	与中央信号、远动装置及故障录波器的联动试验	根据微机保护与中央信号，远动装置信息传送数量和方式的具体情况确定试验项目和方法。但要求至少应进行模拟保护装置异常、保护装置报警、保护装置动作跳闸、重合闸动作的试验	
12.4	开关量输入的整组试验	保护装置进人开人量菜单，校验开关量输入变化情况 ①闭锁重合闸：分别进行手动分闸和手动合闸操作，重合闸停用闭锁重合闸，母差保护动作闭锁重合闸等闭锁重合闸整组试验 ②断路器跳闸位置：断路器分别处于合闸状态和分闸状态时，校验断路器分相跳闸位置开关量状态	

续表

序号	检修内容	检验方法及工艺标准	安全措施及注意事项
12.5	传动断路器试验	①试验时应把保护屏的直流工作电源和相关开关直流控制电源接到80%直流额定电源下，进行断路器的传动试验 ②进行传动断路器试验之前，控制室和断路器站均应有专人监视，并应具备良好的通信联络设备，监视中央信号装置的动作及声、光字牌信号指示是否正确。如果发生异常情况时，应立即停止试验，查明原因并改正后再继续进行 ③传动断路器试验应在确保检验质量的前提下，尽可能减少断路器的动作次数 a）分别模拟A、B、C相瞬时性接地故障 b）模拟C相永久性接地故障 c）模拟AB相间瞬时性故障	
12.6	带通道联调试验	略	
12.7	带负荷试验	略	

注：*栏表示在特殊情况下不执行项打叉号"×"。

5. 竣工

竣工前的工作内容如表 A-3 所示。验收结果记录在表 A-4 中。

表 A-3 竣工前的工作内容

√	序号	内容	责任人签字
	1	验收	
	2	全部工作完毕,拆除所有试验接线(应先拆开电源侧)	
	3	恢复安全措施,严格按现场安全技术措施中所做的安全技术措施恢复,恢复后经双方(工作人员及验收人员)核对无误	
	4	全体工作班人员清扫、整理现场,清点工具及回收材料	
	5	工作负责人周密检查施工现场,检查施工现场是否有遗留的工具、材料	
	6	值班员验收现场。合格后,办理工作票终结手续	

表 A-4 验收记录

验收记录	记录改进和更换的零部件		责任人签字
	存在问题及处理意见		
验收单位意见	检修班组验收总结评价		
	检修部门验收意见及签字		
	运行单位验收意见及签字		
	公司验收意见及签字		

6. 作业指导书执行情况评估

作业指导书执行情况评估记录见表 A-5。

表 A-5 作业指导书执行情况评估

评估内容	符合性	优		可操作项	
		良		不可操作项	
	可操作性	优		修改项	
		良		遗漏项	
存在问题					
改进意见					

附录 B 施工作业现场处置方案范例

【方案一】机械设备事故现场应急处置方案

一、工作场所

××电力公司××供电公司××kV 变电站施工作业现场。

二、事件特征

机械故障、人员误操作及其他意外情况导致人员受到绞、辗、碰、割、戳、切等伤害，造成人员手指绞伤、皮肤裂伤、断肢、骨折，严重的会使身体卷入机械，轧伤致死，或者部件、工件飞出，打击致伤，甚至造成人员死亡。

三、岗位应急职责

1. 施工负责人

（1）指挥现场应急处置工作。

（2）组织作业人员抢救伤员。

（3）向医疗机构求助。

（4）向项目部领导汇报。

2. 施工人员

（1）协助工作负责人开展现场处置。

（2）抢救伤员，保护现场。

（3）做好抢救现场秩序的维护工作。

四、现场应急处置

1. 现场应具备条件

（1）通信工具、交通工具、照明工具等工器具。

（2）安全、专用工器具等工器具。

（3）安全帽、急救箱及药品等防护用品。

2. 现场应急处置程序

（1）现场抢救伤员。

（2）拨打"120"电话请求援助。

（3）汇报项目部领导。

（4）送医院抢救。

3. 现场应急处置措施

（1）有人受伤后，应立即停止作业，关闭运转机械，并卸除载荷，避免再次受伤，同时向上一级负责人报告。

（2）检查是否可脱离致伤机械，不能脱离的应及时拨打"120"或"119"电话求助，并做好送医院前的准备；能脱离的则应及时脱离。

（3）立即对伤者进行包扎、止血、止痛、消毒、固定等临时措施，防止伤情恶化。

（4）如有断肢等情况，及时用干净的毛巾、手绢、布片包好断肢，放在无裂纹的塑料袋或胶皮袋内，袋口扎紧，口袋周围放置冰块、雪糕等降温物品，不得在断肢处涂酒精、碘酒及其他消毒液。同时派人拨打"120"电话与当地急救中心取得联系，详细说明事故地点、严重程度、联系电话，并派人到路口接应。断肢随伤员一起运送至医院。

（5）如受伤人员出现骨折，应采取临时包扎止血措施；如受伤人员休克或昏迷，立即进行人工呼吸或胸外心脏按压，尽量努力抢救伤员。

（6）依据人员受伤程度，确认是否送医院救治。

（7）及时向项目部领导汇报人员受伤抢救情况。

五、注意事项

（1）救治和转移伤员过程中，防止其伤情加重。

（2）医务人员未接替救治前，不应放弃现场抢救。

六、联系电话

序号	部门	联系人	电话
1	医疗急救		120
2	本单位安监部门		
3	本单位领导		

【方案二】作业人员应对突发低压触电事故现场处置方案

一、工作场所

××省电力公司××供电公司生产作业现场。

二、事件特征

作业人员在1000V以下电压等级的设备上工作，发生触电，造成人员伤亡。

三、现场人员应急职责

1. 现场负责人

（1）组织抢救触电人员。

（2）向上级部门汇报触电事故情况。

2. 现场人员

现场人员抢救触电人员。

四、现场应急处置

1. 现场应具备条件

（1）通信工具及上级、急救部门电话号码。

（2）电工工器具、绝缘鞋、绝缘手套等安全工器具。

（3）急救箱及药品。

2. 现场应急处置程序及措施

（1）现场人员采取拉断路器、断线或使用绝缘工器具移开带电体等措施使触电者脱离电源。

（2）如触电者悬挂高处，现场人员应尽快解救其至地面；暂时不能解救至地面，应考虑相关防坠落措施，并向消防部门求救。

（3）根据触电人员受伤情况，采取人工呼吸、心肺复苏等相应急救措施。

（4）现场人员将触电人员送往医院救治或拨打"120"急救电话求救。

（5）上级部门汇报人员受伤及抢救情况。

五、注意事项

（1）严禁直接用手、金属及潮湿的物体接触触电人员。
（2）施救高处触电者时，救护者应采取防止坠落措施。
（3）医务人员未接替救治前，不应放弃现场抢救。

六、联系电话

序号	部门	联系人	电话
1	医疗急救		120
2	本单位安监部门		
3	本单位领导		

【方案三】作业人员应对突发高空坠落现场处置方案

一、工作场所

××电力公司××供电公司高处作业现场。

二、事件特征

作业人员高处作业时，从高处坠落至地面、高处平台或悬挂空中，造成人身伤害。

三、现场人员应急职责

1. 现场负责人
（1）组织救助伤员。
（2）汇报事件情况。
2. 现场其他人员
现场其他人员救助伤员。

四、现场应急处置

1. 现场应具备条件

（1）通信工具及上级、急救部门电话号码。

（2）急救箱及药品。

2. 现场应急处置程序及措施

（1）作业人员坠落至高处或悬挂在高空时，现场人员应立即使用绳索或其他工具将坠落者解救至地面进行检查、救治；如果暂时无法将坠落者解救至地面，应采取措施防止其脱出坠落。

（2）人体若被重物压住，应立即利用现场工器具使伤员迅速脱离重物，现场施救困难时，应立即向上级部门或拨打"110"电话请求救援。

（3）高空坠落伤害事件发生后，应采取措施将受伤人员转移至安全地带。

（4）对于坠落地面人员，现场人员应根据伤者情况采取止血、固定、心肺复苏等相应急救措施。

（5）送伤员到医院救治或拨打"120"急救电话求救。

（6）向上级部门汇报高空坠落人员受伤及救治等情况。

五、注意事项

（1）对于坠落昏迷者，应采取按压人中、虎口或呼叫等措施使其保持清醒状态。

（2）解救高空伤员过程中要不断与之交流，询问伤情，防止其昏迷，并对骨折部位采取固定措施。

六、联系电话

序号	部门	联系人	电话
1	医疗急救		120
2	救援报警		110
3	本单位安监部门		
4	本单位领导		

附录 C 安全施工作业风险控制关键因素

序号	指标	指标简称	风险控制关键因素
1	作业人员异常	人员异常	作业班组骨干人员（班组负责人、班组安全员、班组技术员、作业面监护人、特殊工种）有同类作业经验，连续作业时间不超过8小时
2	机械设备异常	设备异常	机具设备工况良好，不超年限使用；起重机械起吊荷载不超过额定起重量的90%
3	周围环境	环境变化	周边环境（含运输路况）未发生重大变化
4	气候情况	气候变化	无极端天气状况
5	地质条件	地质异常	地质条件无重大变化
6	临近带电体作业	近电作业	作业范围与带电体的距离满足《安规》要求
7	交叉作业	交叉作业	交叉作业采取安全控制措施

注1：周围环境指的是地形地貌、有限空间、四口五临边、夜间作业环境、运行区域、闹市区域、市政管网密集区域等环境。
注2：风险基本等级表中的风险控制关键因素采用表中的指标简称。

附录 D 输变电工程风险基本等级表

表 D-1 公共部分

风险编号	工序	风险可能导致的后果	风险评定值 D	风险级别	风险控制关键因素	预控措施	备注
01000000	公共部分						
01010000	施工用电布设						
01010001	施工现场用电布设	触电 火灾 高处坠落 其他伤害	126 (6×3×7)	3	人员异常、近电作业	一、共性控制措施 （1）现场布置配电设施必须由专业电工组织进行 （2）高处作业应系安全带；梯子上作业时，应有人扶梯 （3）配电箱、电缆及相关配件等应绝缘良好满足规范要求 二、架空线路架设及直埋电缆敷设（D值36，4级） 三、架空线路架设必须使用绝缘线，架设在专用电杆上，脚手架及其他设施上 （4）低压架空线路的L线绝缘铜线截面不小于10mm²，绝缘铝线截面不小于16mm²，N线和PE线截面不小于相线截面的50%，单相线路的零线截面与相线截面相同 （5）"三相五线"制低压架空线路的L线绝缘铜线截面不 严禁架设在树木、 "三相五线"	人员须经数量核对，安措已执行

140

续表

风险编号	工序	风险可能导致的后果	风险评定值 D	风险级别	风险控制关键因素	预控措施	备注
01010001	施工现场用电布设	触电 火灾 高处坠落 其他伤害	126 (6×3×7)	3	人员异常、近电作业	(6) 低压架空线路（电缆）架设高度不得低于 2.5m；交通要道及车辆通行处，架设高度不得低于 5m (7) 电缆中必须包含全部工作芯线和用作保护零线或保护线的芯线。需要三相四线制配电的电缆线路必须采用五芯电缆。相线的颜色标记必须符合以下规定：相线 L1 (A) 黄，L2 (B) 绿，L3 (C) 红，N 线淡蓝色，PE 线绿黄双色。任何情况下颜色标记严禁混用和互相代用 (8) 直埋电缆敷设深度不应小于 0.7m，严禁沿地面明设敷设，应设置走向标志，避免机械损伤或介质腐蚀，通过道路时应采取保护措施 (9) 直埋电缆的接头必须设在防水接线盒内三、配电箱及开关箱安装（D值 36、4级） (10) 配电系统必须按照总平面布置图规划，设置配电柜或总配电箱、分配电箱，开关箱，实行三级配电/两级保护（首级、末级）。配电系统宜三相负荷平衡 (11) 总配电箱应设在靠近电源的区域，分配电箱应设在用电设备相对集中的区域，分配电箱与开关设备的距离不宜超过 30m；开关箱与其控制的固定式用电设备的水平距离不宜超过 5m，距离大于 5m 时应使用固定式开关箱（或便携式电源盘）；移动式开关箱至固定式开关箱之间的引线长度不得大于 30m，且只能用绝缘护套软电缆	

续表

风险编号	工序	风险可能导致的后果	风险评定值 D	风险级别	风险控制关键因素	预控措施	备注
01010001	施工现场用电布设	触电 火灾 高处坠落 其他伤害	126 (6×3×7)	3	人员异常、近电作业	（12）配电箱、开关箱的电源进线端，严禁采用插头和插座进行活动连接。移动式配电箱或开关箱进、出线的绝缘不得破损 （13）漏电保护器应装设在总配电箱、开关箱靠近负荷的一侧，且不得用于启动电气设备的操作。开关箱中漏电保护器的额定漏电动作电流不应大于 30mA，额定漏电动作时间不应大于 0.1s。使用于潮湿或有腐蚀介质场所的漏电保护器应采用防溅型产品，其额定漏电动作电流不应大于 15mA，额定漏电动作时间不应大于 0.1s。总配电箱中漏电保护器的额定漏电动作电流应大于 30mA，额定漏电动作时间应大于 0.1s，但其额定漏电动作电流与额定漏电动作时间的乘积不应大于 30mA·s （14）一级、二级配电箱必须加锁，配电箱附近应配备消防器材 （15）现场办公和生活区用电布置、临时建筑用电布设（D值 36，4 级）进行，严禁私拉乱接 （16）集中使用的空调、取暖、蒸饭车等大功率电器应与办公和生活区用电分置，并设置专用开关和线路 （17）所有用电设备的配置空气保护开关。开关的容量应满足用电设备的要求，闸刀开关应有保护罩。不得使用熔断器	

142

续表

风险编号	工序	风险可能导致的后果	风险评定值D	风险级别	风险控制关键因素	预控措施	备注
01010001	施工现场用电布设	触电 火灾 高处坠落 其他伤害	126 (6×3×7)	3	人员异常、近电作业	(18) 在活动板房、集装箱等金属外壳内穿越的低压线路穿加绝缘管保护，防止破皮漏电。活动板房、集装箱等金属外壳应可靠接地 (19) 电源箱应设置在户外，并有防雨措施五，保护外壳应接零（D值36，4级） (20) 在施工现场专用变压器供电的TN-S三相五线制系统中，所有电气设备外壳应做保护接零 (21) 保护零线（PE线）或总漏电保护器电源侧工作零线（N线）重复接地处专引一根绿黄相色线作为保护零线（N线）。TN-S系统中的PE线除必须在配电室或总配电箱处做重复接地外，还必须在配电系统中间处（分配电箱）和末端处（开关箱）做重复接地 (22) 在保护零线（PE线）每一处重复接地装置的接地电阻值不应大于4Ω；在工作接地电阻允许达到10Ω的电力系统中，所有重复接地的等效电阻不得大于10Ω。配电箱接地电阻必须进行测试，并在电源箱外壳上标明测试人员、仪器型号、测试电阻值 (23) 重复接地线必须与保护零线（PE线）相连接，严禁与N线相连接。PE线必须采用绿/黄双色绝缘多股铜线，截面≥2.5mm²，手持式电动工具的PE线截面≥1.5mm²	

续表

风险编号	工序	风险可能导致的后果	风险评定值 D	风险级别	风险控制关键因素	预控措施	备注
01010001	施工现场用电布设	触电 火灾 高处坠落 其他伤害	126 (6×3×7)	3	人员异常、近电作业	六、配电箱接火（D值126，3级） (24)接火前，应确认高、低压侧有明显的断开点 (25)接火时设专人监护，施工人员不得擅自离岗 (26)接火前检查总配电箱接地可靠，防护围栏应满足要求。 (27)下一级电源接入电系统时，电源侧应有明显的断开点 (28)专业电工发现问题及时报告，解决后方可进行接火作业 (29)接入、移动或检修用电设备时，必须切断电源并做好安全措施后进行 (30)严格按照停送电顺序操作开关 (31)在台风、暴雨、冰雹等恶劣天气后，应进行专项安全检查和技术维护，合格后方可使用	
01010002	发电机的使用和管理	触电 火灾	54 (6×3×3)	4		(1)发电机禁止设置在基坑里，停放的地点应平坦，底部距地面不应小于0.3m，应固定牢固 (2)上部应设防雨棚，防雨棚应牢固、可靠 (3)发电机必须配置可用于扑灭电火灾的灭火器，周边禁止存放易燃易爆物品。发电机的燃料必须断路器或电源隔离开关险品仓库内 (4)发电机供电系统应设置可视断路器或电源隔离开关反短路、过载保护	

144

续表

风险编号	工序	风险可能导致的后果	风险评定值 D	风险级别	风险控制关键因素	预控措施	备注
01010002	发电机的使用和管理	触电 火灾	54 (6×3×3)	4		(5) 发电机在使用前必须确认用电设备与系统电源已断开，并有明显可见的断开点 (6) 发电机必须有专人维护，定期检修 (7) 发电机工作时，周边应隔离 (8) 发电机金属外壳和拖车应有可靠的接地措施	

表 D-2 变电站电气工程二次系统、改扩建工程

风险编号	工序	风险可能导致的后果	风险评定值 D	风险级别	风险控制关键因素	预控措施	备注
03040000	变电站二次系统						
03040100	开关柜、屏安装						
03040101	屏、柜、箱搬运、开箱及就位	火灾 触电 物体打击 高处坠落 其他伤害	54 (3×6×3)	4		(1) 运输过程中，行走应平稳匀速，速度不宜太快，车速应小于15km/h，并应有专人指挥，避免开关柜、屏在运输过程中发生倾倒现象 (2) 拆箱时作业人员应相互协调，严禁野蛮作业，防止损坏盘面，及时将拆下的木板清理干净，避免钉子扎脚	

145

续表

风险编号	工序	风险可能导致的后果	风险评定值 D	风险级别	风险控制关键因素	预控措施	备注
03040101	屏、柜、箱搬运及开箱及就位	火灾 触电 物体打击 高处坠落 其他伤害	54 (3×6×3)	4		(3) 使用吊车时，吊车必须支撑平稳，必须设专人指挥，其他作业人员不得随意指挥吊车司机，在起重臂的回转半径内，严禁站人或有人经过 (4) 屏、柜应从专用吊点起吊，当无专用吊点时，起吊前应确认绑扎牢靠，防止在空中失衡滑落 (5) 开关柜、屏或端子箱的，作业人员应就位就点周围的孔洞盖严，避免作业人员摔伤 (6) 组立屏、柜或端子箱时，设专人指挥，作业人员必须服从指挥，防止屏、柜倾倒伤人，钻孔时使用的电钻应检查是否漏电，电钻的电源线应采用便携式电源盘，并加装漏电保安器 (7) 开关柜、屏找正时，作业人员不可将手、脚伸入柜底，避免挤压手脚。屏、柜顶部作业人员，应有防护措施，防止从屏柜上坠落 (8) 用电焊固定开关柜时，作业人员必须将电缆进口用铁板盖严，防止焊渣将电缆烫坏 (9) 端子箱安装时，作业人员搬运必须同心协力，防止滑脱挤伤手脚 (10) 动火作业时，应在作业面附近配备消防器材 (11) 在改扩建工程进行本工序作业时，还应执行"03050104 二次电气设备安装"的相关预控措施	

续表

风险编号	工序	风险可能导致的后果	风险评定值 D	风险级别	风险控制关键因素	预控措施	备注
03040102	蓄电池安装及充放电	触电 物体打击	54 (3×6×3)	4		（1）施工区周围的孔洞应采取措施可靠的遮盖，防止人员摔伤 （2）搬运电池时不得触动极柱和安全阀 （3）蓄电池开箱时，撬棍不得利用蓄电池作为支点，防止损毁蓄电池。蓄电池应轻抬轻放，防止伤及手脚 （4）蓄电池安装过程及完成后室内禁止烟火。作业场所应配备足量的消防器材 （5）安装或搬运电池时应戴绝缘手套，围裙和护目镜，若酸液泄漏溅落到人体上，应立即用苏打水和清水冲洗 （6）紧固电极连接件时所用的工具手柄要带有绝缘，避免蓄电池组短路 （7）安装免维护蓄电池应符合产品技术文件的要求，不得人为随意开启安全阀 （8）充放电应有专人负责。定时巡视并记录充放电情况。当蓄电池充放电有异常时应立即断开电源，妥善采取处理措施 （9）应采用专用仪器进行充放电，不得用电炉丝等非常规方式进行充放电 （10）在改扩建工程进行本工序作业时，还应执行"03050104 二次电气设备安装"的相关预控措施	

147

续表

风险编号	工序	风险可能导致的后果	风险评定值D	风险级别	风险控制关键因素	预控措施	备注
03040200					电缆敷设及二次接线		
03040201	电缆支架、电缆预埋管、电缆槽盒安装	触电 物体打击 高处坠落 其他伤害	27 (3×3×3)	4		一、共性控制措施 (1) 电动机械或电动工具必须做到"一机一闸一保护"。移动式电动机械必须使用绝缘护套软电缆。所有电动工机具必须做好外壳保护接地，暂停工作时，应切断电源。电动机械的转动部分必须装设保护罩 (2) 焊接作业时，作业人员必须持证上岗 (3) 运行区域搬运长物件，应双人进行 (4) 复杂环境施工，人员应注意防止磕碰、划伤 二、电缆支架（桥架、吊架、梯架）安装 (5) 进行桥架、吊架安装时，应确认预埋件可靠牢固 (6) 电缆桥架（吊架）安装时，应使用工具袋装进行上下工具材料传递，严禁抛掷，防止高空坠物伤及人和设备 (7) 地面工作人员不得站在可能坠物的电缆桥架（吊架）下方 (8) 高处作业人员，必须系好安全带，地面应设专人监护 (9) 电缆沟内作业，应设置安全通道，不宜踩踏电缆支架上下电缆沟。电缆沟应设置安全防护措施，防止人员摔入沟内 (10) 在电缆沟内行走，应有防止电缆支架棱角划伤身体的措施	

续表

风险编号	工序	风险可能导致的后果	风险评定值 D	风险级别	风险控制关键因素	预控措施	备注
03040201	电缆支架、电缆预埋管、电缆槽盒安装	触电 物体打击 高处坠落 其他伤害	27 (3×3×3)	4		三、电缆预埋管安装 (11) 使用切割机应遵守切割机操作规程 (12) 切断钢管后，应及时处理飞边，防止割伤手脚 (13) 运行区域挖沟时，锄头不应超出安全距离 四、电缆槽盒安装 (14) 切断槽盒后，应及时处理飞边，防止割伤手脚 (15) 高处作业应系安全带，有防止高坠的措施，地面应设专人监护	
03040202	电缆敷运、敷设二次接线	触电 火灾 物体打击 高处坠落 其他伤害	54 (3×6×3)	4		一、电缆敷设准备 (1) 工程技术人员应根据电缆盘的重量配备吊车、吊绳，并根据电缆盘的重量配置电缆放线架 (2) 班组负责人应根据电缆轴的重量选择吊车和钢丝绳套。严禁将钢丝绳直接穿过电缆盘中间孔洞进行吊装，避免钢丝绳受折无法再次使用。严禁使用跳板滚动卸车和在车上直接将电缆盘推下 (3) 卸车时吊车必须支撑平稳，必须设专人指挥，其他作业人员不得随意指挥吊车司机，遇紧急情况时，任何人员有权发出停止作业信号 (4) 电缆运输车上的挂钩人员在车在挂钩前要将其他电缆盘用木楔等物品固定稳后方可起吊，车上人员在吊臂和电缆盘吊移的过程中，严禁站在吊臂和电缆盘下方	

149

续表

风险编号	工序	风险可能导致的后果	风险评定值 D	风险级别	风险控制关键因素	预控措施	备注
03040202	电缆搬运、敷设、二次接线	触电 火灾 物体打击 高处坠落 其他伤害	54 (3×6×3)	4		（5）电缆隧道需采用临时照明作业时，必须使用36V以下照明设备，且导线不应有破损 （6）临时打开的电缆沟盖、孔洞应设立警示牌、围栏 （7）根据电缆盘的重量和电缆盘中心孔直径选择放线支架的钢轴，放线支架必须牢固、平稳、无晃动，严禁使用道木搭设支架，防止电缆盘翻倒造成伤人事故 （8）短距离滚动光缆盘，应严格按照缆盘上标明的箭头方向滚动。光缆禁止长距离离轴 二、敷设及接线 （9）电缆敷设时应设专人统一指挥，指挥人员指挥信号应明确、传达到位 （10）敷设人员戴好安全帽、手套，严禁穿塑料底鞋，必须听从统一口令，用力均匀协调 （11）拖拽人员应精力集中，要注意脚下的设备基础、电缆沟支撑物、土堆、电缆支架等，避免华倒伤人。在电缆层内作业时，动作应轻缓 （12）拐角处作业人员应站在电缆外侧，避免电缆突然带紧将作业人员拉倒 （13）电缆通过孔洞时，出口侧的人员不得在正面接引，避免电缆伤及身体。上下竖井应系安全带 （14）操作电缆盘人员要时刻注意电缆盘有无倾斜现象，特别是在电缆盘上剩下几圈时，应防止电缆突然踊出伤人	

续表

风险编号	工序	风险可能导致的后果	风险评定值 D	风险级别	风险控制关键因素	预控措施	备注
03040202	电缆搬运、敷设二次接线	触电 火灾 物体打击 高处坠落 其他伤害	54 (3×6×3)	4		(15) 高压电缆敷设过程中必须设专人巡视, 应采用一机一人的方式敷设, 施工前作业人员应时刻保证通信畅通, 在拐弯处应有专人看护, 防止电缆脱离滚轮, 避免电缆被压、磕碰及其他机械损伤等现象发生 (16) 高压电缆敷设采用人力敷设时, 作业人员应听从指挥统一行动, 抬电缆行走时要注意脚下, 放电缆时要协调一致同时下放, 避免扭腰砸脚和磕坏电缆外绝缘 (17) 电缆沟应设置跨越通道, 沿沟边行走应注意力集中, 防止掉入沟内。临时打开的沟盖、孔洞应行设立警示牌、围栏, 每天完工后应立即封闭 (18) 电缆绑扎牢固可靠, 垂直敷设的电缆重点检查绑扎的可靠性, 防止绑扎位置松脱, 导致大量电缆松脱引起人身及电网事故 (19) 电缆剥皮应注意刀口及钢锯切口, 防止划伤手掌, 电缆剥皮还应注意不得伤及芯线绝缘层, 防止直流接地 (20) 电缆头接地线采用焊接时, 电烙铁使用完毕后不得随意乱放, 以免烫伤电缆芯线, 施工人员及引起火灾 (21) 选用适合的工具进行二次接线, 接入端子的芯线应牢固可靠, 用手拉扯不应脱出 (22) 在改扩建工程进行本工序作业时, 还应执行 "03050105 运行屏柜上二次接线、03050106 二次接入带电系统"的相关预控措施	

151

变电二次安装

续表

风险编号	工序	风险可能导致的后果	风险评定值 D	风险级别	风险控制关键因素	预控措施	备注
03050000	变电站改扩建工程						
03050100	改扩建施工						
03050104	二次电气设备安装	触电 火灾 机械伤害	90（10×3×3）	3	人员异常、环境变化、近电作业	（1）完成施工区域与运行部分的物理和电气安全隔离。在运行变电站的主控楼作业时，施工作业人员必须经值班人员许可后进入作业区域，并且在值班人员做好隔离措施后方可作业，楼内严禁吸烟，非作业人员严禁入内。 （2）拆装屏、柜等设备时，作业人员应动作轻慢，防止振动。 （3）拆解屏、柜内二次电缆时，作业人员必须确定所拆电缆确实已退出运行，并在监护人员监护下进行作业。 （4）在加装屏顶小母线时，作业人员必须做好相邻屏、柜上小母线的防护工作，严防放置工具或其他物品导致小母线短路。 （5）在楼内动用电焊、气焊等明火作业时，除按规定办理动火作业票外，还应制定完善的防火措施，设置专人监护，配备足够的消防器材，所用的隔离底板必须是防火阻燃材料，严禁用木板。	（1）人员资质、数量已核对，区域隔离等安措已执行 （2）本风险工序不得独立开票，应与变电站电气工程 03040000 变电站二次系统中的相关工序配合使用

152

续表

风险编号	工序	风险可能导致的后果	风险评定值 D	风险级别	风险控制关键因素	预控措施	备注
03050105	运行屏柜上二次接线	触电电网事故	90（10×3×3）	3	人员异常、环境变化、近电作业	（1）作业人员在二次接线过程中应熟悉图纸和回路，遇有疑问应立即向设计人员或技术人员提出，不得擅自更改图纸 （2）二次接线时，应先接新安装屏、柜侧的电缆 （3）接线人员在屏、柜内的动作幅度要尽可能地小，避免碰撞正在运行的电气元件，同时应将运行的端子排用绝缘胶带粘住。经用万用表校验所接端子无电压后，在检修人员和技术人员的监护下进行接线 （4）二次接线接人带电屏柜时，必须在监护人临护下进行 （5）电缆头地线焊接时，电烙铁使用完毕后不得随意乱放，以免烫伤正在运行的电缆，造成运行事故	人员培训、数量已校对、区坡隔离等安措已执行
03050106	二次接入带电系统	触电电网事故	90（10×3×3）	3	人员异常、环境变化、近电作业	（1）班组负责人根据设计图纸认真交代分配工作地点和工作内容，工作范围严禁工作地点和私自调换工作内容 （2）开始施工前，由运行人员在施工的相邻保护屏上悬挂"运行设备"醒目标识，施工过程中要积极配合运行人员的工作，确定工作范围及工作位置。作业人员严禁误碰或误动其他运行设备 （3）严格按设计图纸施工，如有问题应及时与有关技术人员联系，不可随意处置	人员培训、数量已校对、区坡隔离等安措已执行

153

◆ 变电二次安装

续表

风险编号	工序	风险可能导致的后果	风险评定值 D	风险级别	风险控制关键因素	预控措施	备注
03050106	二次接入带电系统	触电电网事故	90（10×3×3）	3	人员异常、环境变化、近电作业	（4）接线人员在盘、柜内的动作幅度要尽可能地小，避免碰撞正在运行的电气元件，同时应将运行无电端子排用绝缘胶带粘住，经用万用表校验所接端子无电后，在检修人员和技术人员的监护下进行接线 （5）所有在运行屏柜内新敷设的电缆芯线应做好包扎，防止误碰屏内带电回路，导致直流失地及误跳闸 （6）接线过程应做好防止交直流失地、直流失地的隔离措施 （7）当拆除线缆或新回路接入运行屏柜时，应严格执行二次安措票。监护人认真负责、坚守岗位，不得擅离职守。必要时运维检修人员需到场监护 （8）剪断废旧电缆前，应与电缆走向图纸核对相符，并确认废旧电缆无电后方可作业。拆解盘、柜内二次电缆和剪断电缆前，必须确定所拆电缆确实已退出运行，并有专人监护，监护人不得擅离职守	人员预颁、数量已核对，区域隔离等安措已执行

154

附录 E 现场勘察记录（表式）

勘察日期：

勘察单位		勘察负责人	
勘察人员			
作业项目		作业地点	
作业内容		风险等级	□初勘___级　□复测___级
勘察的线路或设备的名称（多回应注明称号及方位）：			

1. 需要停电的设备：

2. 保留的带电部位：

3. 交叉跨越的部分：

4. 作业现场的条件、环境及其他危险点等：

5. 应采取的安全措施：

6. 附图与说明：

注1：初勘由施工项目经理（或项目总工）组织，施工项目部安全员（或技术员）、作业层班组负责人、监理人员参加。超过一定规模的危险性较大的分部分项工程需设计人员参加。

注2：应用本表时，其格式可依据实际情况进行优化，但关键内容不得缺失。

注3：当本表用于复测时，"应采取的安全措施"栏中必须有结论，确定风险是否升级（不变或降级）。

附录 F 风险识别、评估清册（含危大工程一览表）（表式）

工程名称：

序号	工作内容	地理位置	包含部位	风险可能导致的后果	风险级别	风险编号	计划实施时间	备注

注1：风险控制关键因素在作业复测后填入表格（备注栏）。各级风险均应逐项列出，组塔要明确到具体塔位，其他同。

附录 G 输变电工程施工作业票（表式）

表 G-1 输变电工程施工作业 A 票

工程名称：　　　　　　　编号：SZ-AX-XXXXXXXXXXXXXXXX-

建设单位		监理单位		施工单位	
施工班组		初勘风险等级		复测后风险等级	
工序及作业内容					
作业部位			地理位置		
开始时间			结束时间		
执行方案名称				施工人数	
方案技术要点					
具体人员分工	1. 班组负责人： 2. 安全监护人： 3. 机械操作工： 4. 特种作业人员：（指明操作项目） 5. 其他施工人员：				
主要风险	机械伤害、高处坠落、物体打击、触电、起重伤害、中毒、窒息、火灾、其他伤害等				

◆ 变电二次安装

续表

作业必备条件	确认
1. 特种作业人员持证上岗。	□
2. 作业人员无妨碍工作的职业禁忌。	□
3. 无超龄或年龄不足人员参与作业。	□
4. 配备个人安全防护用品，并经检验合格，齐全、完好。	□
5. 结构性材料有合格证。	□
6. 按规定需送检的材料送检并符合要求。	□
7. 编制安全技术措施，安全技术方案制定并经审批或专家论证。	□
8. 施工人员经安全教育培训，并参加过本工程技术安全措施交底。	□
9. 确保高原医疗保障系统运转正常，施工人员经防疫知识培训、习服合格，施工点必须配备足够的应急药品和吸氧设备，尽量避免在恶劣气象条件下工作。（仅高海拔地区施工需做此项检查）	□
10. 施工机械、设备有合格证并经检测合格。	□
11. 工器具经准入检查，完好，经检查合格有效。	□
12. 安全文明施工设施配置符合要求，齐全、完好。	□
13. 各工作岗位人员对施工中可能存在的风险控制措施清楚。	□
作业过程风险控制措施	

一、安全综合控制措施

二、现场风险复测变化情况及补充控制措施
1. 变化情况

2. 控制措施

全员签名				

续表

新增人员签名：

班组负责人		审核人（班组安全员、技术员）	
安全监护人		签发人（项目总工）	
签发日期			
备注			

注1："每日站班会及风险控制措施检查记录表"作为施工作业票附件，代替站班会记录。
注2：新增人员包含入库人员及临时人员（厂家人员）。

表 G-2　每日站班会及风险控制措施检查记录表（A 票附件）

作业票票号：

作业部位及内容			施工日期	
班组负责人		第一作业面	工作内容	
			安全监护人	
第二作业面	工作内容	第三作业面	工作内容	
	安全监护人		安全监护人	
检查内容	三交	交任务	施工作业票所列工作任务已宣读清楚。	□
		交安全	1. 交安全措施（见作业过程风险控制措施）已宣读清楚。 2. 补充安全措施已交代清楚。	□ □
		交技术	1. 施工作业票所列安全技术措施已宣读清楚。 2. 补充技术措施已交代清楚。	□ □
	三查（查衣着、查三宝、查精神状态）、查作业必备条件		1. 作业人员着装规范、精神状态良好，经安全培训。 2. 施工机械、设备有合格证并经检测合格。 3. 工器具经准入检查，完好，经检查合格有效。 4. 安全文明施工设施符合要求，齐全、完好。 5. 施工人员对工作分工清楚。 6. 各工作岗位人员对施工中可能存在的风险及控制措施清楚。	□ □ □ □ □ □
	当日控制措施检查		具体执行见作业过程风险控制措施。	

变电二次安装

续表

备注	

参加施工人员签名：

作业过程风险控制措施

当日需执行措施	落实情况
一、综合控制措施	
☐	☐
☐	☐
☐	☐
☐	☐
☐	☐

二、现场风险复核变化情况及补充控制措施

现场复核内容	风险控制关键因素	条件满足情况	风险异常原因
作业人员异常	作业班组骨干人员（班组负责人、班组安全员、班组技术员、作业面监护人、特殊工种）有同类作业经验，连续作业时间不超过8小时	☐	
机械设备异常	机具设备工况良好，不超年限使用；起重机械起吊荷载不超过额定起重量的90%	☐	
周围环境	周边环境（含运输路况）未发生重大变化	☐	
气候情况	无极端天气状况	☐	
地质条件	地质条件无重大变化	☐	
临近带电体作业	作业范围与带电体的距离满足《安规》要求	☐	
交叉作业	交叉作业采取安全控制措施	☐	
补充安全控制措施			
风险复核人			
当日风险等级			

附 录

表 G-3 输变电工程施工作业 B 票

工程名称：　　　　　　　编号：SZ-BX-XXXXXXXXXXXXXXX-

建设单位		监理单位		施工单位	
施工班组		初勘风险等级		复测后风险等级	
工序及作业内容					
作业部位		地理位置			
开始时间		结束时间			
执行方案名称				施工人数	
方案技术要点					
具体人员分工	1. 班组负责人： 2. 安全监护人： 3. 机械操作工： 4. 特种作业人员：（指明操作项目） 5. 其他施工人员：				
主要风险	机械伤害、高处坠落、物体打击、触电、起重伤害、中毒、窒息、火灾、电网停运、其他伤害等				

◆ 变电二次安装

续表

作业必备条件	确认
1. 特种作业人员持证上岗。	□
2. 作业人员无妨碍工作的职业禁忌。	□
3. 无超龄或年龄不足人员参与作业。	□
4. 配备个人安全防护用品,并经检验合格,齐全、完好。	□
5. 结构性材料有合格证。	□
6. 按规定需送检的材料送检并符合要求。	□
7. 编制安全技术措施,安全技术方案制定并经审批或专家论证。	□
8. 施工人员经安全教育培训,并参加过本工程技术安全措施交底。	□
9. 确保高原医疗保障系统运转正常,施工人员经防疫知识培训、习服合格,施工点必须配备足够的应急药品和吸氧设备,尽量避免在恶劣气象条件下工作。(仅高海拔地区施工需做此项检查)	□
10. 施工机械、设备有合格证并经检测合格。	□
11. 工器具经准入检查,完好,经检查合格有效。	□
12. 安全文明施工设施配置符合要求,齐全、完好。	□
13. 各工作岗位人员对施工中可能存在的风险控制措施清楚。	□
作业过程风险控制措施	

一、关键点作业安全控制措施

二、安全综合控制措施

三、现场风险复测变化情况及补充控制措施
1. 变化情况

2. 控制措施

续表

全员签名							

新增人员签名：

班组负责人		审核人（项目部安全、技术专责）	
安全监护人		签发人（项目经理）	
监理人员（三级及以上风险）		业主项目经理/业主项目部安全专责（二级风险）	
签发日期			
备注			

注1："每日站班会及风险控制措施检查记录表"作为施工作业票附件，代替站班会记录。
注2：新增人员包含入库人员及临时人员（厂家人员）。

表 G-4 每日站班会及风险控制措施检查记录表（B 票附件）

作业票票号：

作业部位及内容				施工日期		
班组负责人			第一作业面	工作内容		
				安全监护人		
第二作业面	工作内容		第三作业面	工作内容		
	安全监护人			安全监护人		
三交	交任务	施工作业票所列工作任务已宣读清楚。				☐
	交安全	1. 交安全措施（见作业过程风险控制措施）已宣读清楚。				☐
		2. 补充安全措施已交代清楚。				☐
	交技术	1. 施工作业票所列安全技术措施已宣读清楚。				☐
		2. 补充技术措施已交代清楚。				☐

变电二次安装

续表

检查内容	三查（查衣着、查三宝、查精神状态）、查作业必备条件	1. 作业人员着装规范、精神状态良好，经安全培训。☐ 2. 施工机械、设备有合格证并经检测合格。☐ 3. 工器具经准入检查，完好，经检查合格有效。☐ 4. 安全文明施工设施符合要求，齐全、完好。☐ 5. 施工人员对工作分工清楚。☐ 6. 各工作岗位人员对施工中可能存在的风险及控制措施清楚。☐
	当日控制措施检查	具体执行见作业过程风险控制措施。
备注		

参加施工人员签名：

作业过程风险控制措施

当日需执行措施	落实情况
一、关键点作业安全控制措施	
☐	☐
☐	☐
☐	☐
☐	☐
☐	☐
☐	☐
二、综合控制措施	
☐	☐
☐	☐
☐	☐
☐	☐
☐	☐
☐	☐

续表

三、现场风险复核变化情况及补充控制措施

现场复核内容	风险控制关键因素	条件满足情况	风险异常原因
作业人员异常	作业班组骨干人员（班组负责人、班组安全员、班组技术员、作业面监护人、特殊工种）有同类作业经验，连续作业时间不超过8小时	☐	
机械设备异常	机具设备工况良好，不超年限使用；起重机械起吊荷载不超过额定起重量的90%	☐	
周围环境	周边环境（含运输路况）未发生重大变化	☐	
气候情况	无极端天气状况	☐	
地质条件	地质条件无重大变化	☐	
临近带电体作业	作业范围与带电体的距离满足《安规》要求	☐	
交叉作业	交叉作业采取安全控制措施	☐	
补充安全控制措施			
风险复核人			
当日风险等级			

到岗到位签到表

单位	姓名	职务/岗位	备注
建设单位			
监理单位			
施工单位			
业主项目部			
监理项目部			
施工项目部			

附录 H 安全施工作业必备条件

序号	指标	必备条件
1	作业人员安全培训	按规定要求经相应的安全生产教育和岗位技能培训,并考核合格
2	特种作业人员持证上岗	按照规定要求,取得相关特种作业证书
3	职业禁忌	作业人员经体检合格,无妨碍工作的病症
4	作业人员年龄	按相关规定,无超龄或年龄不足人员参与作业。(年龄不小于18周岁,高处作业人员最大年龄不大于55周岁)
5	设备设施定期检测	施工机械、设备应有合格证并按要求定期检测,且检测合格
6	设备和工器具准入检查	按照规定对设备和工器具进行准入检查,且检查合格
7	安全防护用品配备情况	按规定配备合格的安全防护用品
8	材料合格证	结构性材料均有合格证
9	材料送检率	根据相关规定,要求送检的材料均送检并符合要求。(指对安全风险有影响的材料)
10	安全文明施工设施	施工现场符合《国家电网有限公司输变电工程安全文明施工标准》中强制性标准要求
11	施工安全技术方案(措施)及专家论证	按照《国家电网有限公司输变电安全管理规定》中附件所列分部分项工程制定专项施工方案,并审批(或专家论证)